博碩文化

博碩文化

博碩文化

SOFTWARE PROJECT ESTIMATION

軟體專案估算

為決策者提供高品質資訊的基礎架構

Alain Abran 著

徐丹霞、郭玲、任甲林 譯

+
理解
模型架構

+
資料
收集方法

+
調整
估算範圍

+
驗證
估算過程

+
企業
案例應用

SOFTWARE PROJECT
ESTIMATION

軟體專案估算

為 決 策 者 提 供 高 品 質 資 訊 的 基 礎 架 構

Alain Abran 著

徐丹霞、郭玲、任甲林 譯

＋ 瞭解模型架構　＋ 資料收集方法　＋ 調整估算範圍　＋ 驅動估算過程　＋ 企業案例應用

本書如有破損或裝訂錯誤，請寄回本公司更換

作　　者：Alain Abran
譯　　者：徐丹霞、郭玲、任甲林
責任編輯：何芃穎

董 事 長：陳來勝
總 編 輯：陳錦輝
出　　版：博碩文化股份有限公司
地　　址：221 新北市汐止區新台五路一段 112 號 10 樓 A 棟
　　　　　電話 (02) 2696-2869 傳真 (02) 2696-2867
發　　行：博碩文化股份有限公司
郵撥帳號：17484299　戶名：博碩文化股份有限公司
博碩網站：http://www.drmaster.com.tw
讀者服務信箱：dr26962869@gmail.com
訂購服務專線：(02) 2696-2869 分機 238、519
（週一至週五 09:30 ～ 12:00；13:30 ～ 17:00）

版　　次：2022 年 8 月初版一刷
建議零售價：新台幣 620 元
I S B N：978-626-333-225-6（平裝）
律師顧問：鳴權法律事務所 陳曉鳴 律師

商標聲明

本書中所引用之商標、產品名稱分屬各公司所有，本書引用純屬介紹之用，並無任何侵害之意。

有限擔保責任聲明

雖然作者與出版社已全力編輯與製作本書，唯不擔保本書及其所附媒體無任何瑕疵；亦不為使用本書而引起之衍生利益損失或意外損毀之損失擔保責任。即使本公司先前已被告知前述損毀之發生。本公司依本書所負之責任，僅限於台端對本書所付之實際價款。

著作權聲明

國家圖書館出版品預行編目資料

軟體專案估算：為決策者提供高品質資訊的基礎架構 / Alain Abran著；徐丹霞, 郭玲, 任甲林譯. -- 一版. -- 新北市：博碩文化股份有限公司, 2022.08
　　面；　公分

譯自：Software project estimation : the fundamentals for providng high quality information to decision makers
ISBN 978-626-333-225-6(平裝)

1.CST: 軟體研發　2.CST: 專案管理

312.2　　　　　　　　　　　　　111012950

Printed in Taiwan

歡迎團體訂購，另有優惠，請洽服務專線
博碩粉絲團　(02) 2696-2869 分機 238、519

譯者序

這本書需要仔細閱讀。

目前，很難找到一本能與本書在講解如何建立生產力模型方面的嚴謹性與實用性相媲美的書籍。本書講的不是用經驗法估算工作量，而是用模型法估算工作量。

本書理論完備、嚴謹，並給出了工程化的軟體工作量估算方法和大量的實戰經驗。

在為客戶提供諮詢的過程中，我說明客戶識別並建立了大量的預測模型與控制模型，累積了豐富的經驗，但是，當我讀到 Abran 博士的這本書時，我深深地被打動了。他的實踐經驗比我更多，思考得比我更深入，他的理論更完備、更嚴謹，拓寬了我的視野，讓我意識到了自己學識上的狹隘與淺薄。

沒有大量的實踐經驗，沒有深厚的理論功底，沒有多年的潛心研究，是寫不出這本書的。

- 它明確區分了估算與預算，前者是專案組對成本的預測，後者是管理者對成本的決策。

- 它明確區分了估算、調整、決策階段，明確了軟體成本估算的生命週期。

- 它把估算模型區分成黑盒模型與白盒模型，強調了白盒模型是可驗證的，具有更高的可信度。

- 它把估算模型區分成外來的模型與自己的模型，強調了自己的模型才是最合適的，不能迷信業內的一些參考模型。

- 它提出了分段建立生產力模型的策略，針對非常態分布的資料、非直線相關的模型，也給出了解決方案。

- 它對看似散亂的楔形分布趨勢，提出了分類建立模型的策略，需要識別其他隱藏的自變數。

- 它指出了，建立包含多個變數的複雜生產力模型，不如建立多個簡單的生產力模型更實用。

- 它給出了，建立模型時需要的樣本點的經驗數值。

- 它對如何驗證生產力模型的有效性，給出了多個案例。

學會了本書的內容，相信你能在軟體成本估算領域練就一雙「火眼金睛」，達到「一覽眾山小」的境界。相信你可以快速、準確地識別各種生產力模型的正確性和實用性！

我也很喜歡 Abran 博士在每章之後設計的作業與思考題，這對我們深入理解本書的內容有很大幫助。本書也是全球多所大學軟體工程專業的研究生教材。

本書由徐丹霞和郭玲擔任主要翻譯工作，徐丹霞負責翻譯第 1 ～ 5 章，郭玲負責翻譯序與前言、第 6 ～ 13 章；兩位譯者還進行了交叉評審，最後由任甲林進行審稿校對。譯者在翻譯過程中把握的基本原則就是：在翻譯每句話時，首先準確理解原文的含義，然後確保中文的正確與通俗易懂。在翻譯過程中，譯者也和作者 Abran 博士做了大量的溝通，老先生耐心地解釋了某些語句的內涵。

由於我們專業知識水準有限，錯誤之處在所難免，請各位讀者不吝指正。有興趣的讀者可以加入 COSMIC 的 QQ 群（群號：309842452），與本書的三位譯者討論本書或規模度量與軟體估算的話題。

任甲林

▋前言

　　專案估算不僅對大多數軟體企業是一項挑戰，而且對他們的客戶來說也是一件十分頭痛的事情，因為客戶需要承受專案嚴重超支、進度延宕、軟體功能沒有達到預期，以及不清楚的品質水準等多方面風險。

　　目前企業的軟體估算水準是否比 40 年前高呢？現行估算模型是否更好用？

　　在這段時間，軟體估算方面有什麼是幾乎一成不變的？

- 全世界的客戶仍舊對軟體專案經理（以及他們的開發團隊）寄予厚望，期望如期達成那些通常是根據籠統的需求而設定的預算目標和交付期限。
- 研究人員依然持續開發愈來愈複雜的估算模型和技術，以達到「準確」估算的目的。
- 儘管我們可以透過軟體估算工具供應商購買商業工具，或在網路上或書籍裡獲得免費的估算工具，但是幾乎沒有文件記錄能夠證明這些工具在已完成專案中的效能表現。

　　40 年來，關於軟體估算的書籍和工具層出不窮，提出了很多解決方案（估算工具、模型、技術）以應付軟體估算帶來的挑戰。

- 但是，這些解決方案的有效性到底如何呢？
- 有哪些可用的知識能評價這些估算工具的有效性呢？

　　專案經理對他們的估算過程品質、還有市場上的估算工具效能，究竟瞭解多少呢？通常並不多！只不過，管理階層還是會根據這些估算工具所提供的結果，去進行很多決策。

　　在估算中：軟體估算人員和管理者分別扮演著不同的角色：

- 軟體估算人員的角色不是承諾奇蹟會發生，而是要提供最好、最完整的技術資訊、相關的環境背景（context）以及對結果的解讀；意即，估算人員需要向專案經理提交資訊以支援決策的制定。
- 而專案經理的角色是，根據這些資訊，選擇並分配專案預算，並且管理相關的風險：專案經理的角色是在專案進行過程中承擔風險並管理風險。

當一個組織已經收集了自己的資料並且有能力分析資料、記錄估算模型品質時，該組織便具備了以下兩個優勢：

- 以市場為導向的組織關鍵競爭力優勢；
- 在非競爭環境下的組織可信度優勢。

當一個組織沒有測量其歷史專案的生產力時，那麼對於下面這些問題，也不可能會知道答案了：

- 組織的績效如何？
- 某個經理的績效與其他人的差別有多大？
- 某個經理在估算時所做的假設跟其他人的差別有多大？

很多軟體組織都處於這樣的局面，即使用的估算模型源於生產力效能比率不同的環境，無法提供真正的價值。當人們對以下兩種情況知之甚少時更是如此：

- 外部儲存庫的資料品質
- 在建立估算模型的環境中的模型品質

因為那些花哨的功能和成本動因，而對這些模型感覺良好的人，其實是在這些「黑盒」資料上自欺欺人。

本書將教授開發估算資訊（估算資料與估算環境）的方法。該估算資訊可以讓管理者在不確定的環境下制定預算編列決策。

本書不包含以下內容：

- 聲稱可以立刻處理所有成本動因的黑盒估算。
- 估算祕技大公開。
- 估算模型、技術、成本動因的重點摘要。
- 對專案每一個階段進行詳細策劃的重點摘要。

本書是關於軟體專案估算中的最佳工程實務，具體內容如下：

- 測量軟體專案生產力的正確概念，即功能規模測量；
- 如何使用生產力資料開發估算模型；

- 如何驗證一個估算過程中每個組件的品質；
- 如何為軟體專案管理（預算編列與控制）中的決策制定提供價值（即正確的資訊）。

如果沒有牢固的統計學基礎，就不會有工程化方法，也無法進行軟體估算！

總結

本書不適合那些尋找一次性快速解決方案的讀者。本書適合那些希望透過學習軟體估算最佳實務的讀者，建立自身長久且持續性的競爭優勢，並且也樂於學習具體實作的方法：在探索更複雜的統計方法之前一例如機器學習技術或模糊邏輯一使用簡單可靠的統計學方法進行資料收集和資料分析的必要工作。

▌概述

本書主要分享了作者多年來設計可靠的軟體估算過程方面豐富的經驗。這些估算過程可以作為管理者的決策支援工具。

本書還介紹了一些基本的統計學和經濟學概念。這些概念是理解如何設計、評價和改進軟體估算模型的基礎。

因為量化資料和量化模型是工程、科學和管理領域的基礎，所以本書對於各種規模的軟體組織都會非常有用。同時管理者將會在本書中找到關於軟體專案估算量化改善的有效策略，書中也提供了大量的實例，供讀者參考與學習。

本書適合軟體專案估算相關的 IT 實務人員、軟體經理、審計人員，以及軟體專案管理相關課程的學生閱讀。

本書結構與內容

本書分為三大部分，共 13 章。

第一部分	第二部分	第三部分
理解估算過程	估算過程：必須驗證什麼？	建立估算模型：資料收集與分析
第 1～3 章	第 4～7 章	第 8～13 章

第一部分介紹在設計和使用軟體估算模型進行決策時，估算人員和專案經理都需要知道的軟體估算觀點。該部分解釋了估算過程的結構，包括嵌入在估算過程內的生產力模型，並澄清了估算人員和專案經理在角色和職責上的區別。最後，介紹估算中必須予以考慮的許多經濟學概念，比如規模經濟與規模不經濟、固定成本與變動成本等。

第二部分則是介紹必要概念與技術，以理解估算過程結果的品質取決於輸入的品質和它使用的生產力模型之品質，以及瞭解估算過程所增加的調整因素有什麼樣的限制。

第三部分探討建立估算模型過程中的相關問題，包括資料收集以及使用國際標準，以便在專案間、組織間、國家間橫向對比。除此，如何使用品質資料作為輸入並根據一系列經濟學概念來建立具有多個自變數的模型。

第一部分：理解估算過程

第 1 章　估算過程：階段和角色
　　　　介紹估算過程及其各個階段，以及軟體估算人員和專案經理的不同角色與職責。

第 2 章　理解軟體過程效能所需的工程和經濟學概念
　　　　介紹幾個重要的經濟學概念，這些概念有助於理解並建立生產力模型開發過程的效能，特別是解釋了產品模型中的規模經濟與規模不經濟、固定成本與變動成本概念。本章同時展示了軟體工程一些典型和非典型資料集的特徵，並解釋了生產力模型中的外顯變數和隱含變數。

第 3 章　專案情境、預算編列和應變計畫
　　　　討論從估算結果的區間範圍中挑選一個單值作為預算可能造成的影響，包括識別各種情境與其對應的發生機率，以及在專案組合層級進行應變措施的識別和管理。

第二部分：估算過程：必須驗證什麼？

第 4 章　估算過程中必須驗證的部分
　　　　當建立和使用生產力模型時，如何識別估算流程中必須理解和驗證的幾個部分。我們是從工程角度，而非從「手工藝」角度來看待模型的。

第 5 章　驗證用於建立模型的資料集
　　　　分析數學模型直接輸入值的品質時所需的準則，即，用於預測估算依變數的自變數。

第 6 章　生產力模型的驗證
　　　　分析數學模型品質所需的準則，以及模型的輸出結果，並透過圖解展示如何使用這些品質準則來評價業界推薦的模型和工具之效能。

第 7 章　調整階段的驗證
　　　　解釋在測量活動和多因素之間的關係模型中，本來就存在不確定性和誤差。本章還介紹了不確定性和誤差的一些來源，並闡述在估算過程中引入其他因素時，這些不確定性和誤差是如何累加的。

第三部分：建立估算模型：資料收集和分析

第 8 章　資料收集與企業標準：ISBSG 儲存庫
　　　　在估算流程中，企業應用模型應根據已完整定義並標準規範的參數。本章介紹國際軟體基準標準組織（International Software Benchmarking Standards Group, ISBSG）定義的一些軟體專案資料收集標準。顯然，標準化的定義對於內部基準對比、外部基準對比甚至於建立生產力和估算模型都是至關重要的。

第 9 章　建立並評價單變數模型
　　　　以圖示描述如何建立只有一個自變數的模型：首先，要識別出最重要的變數，也就是待交付的軟體規模；同時，也會說明如何使用 ISBSG 儲存庫中的專案資料建立模型，包括資料準備和相關樣本的識別，用於分析額外的描述性變數，像是開發環境。

第 10 章 建立含有分類變數的模型

　　　　展示一個案例研究。該案例是關於如何應用企業資料，建立以專案規模為主要因素並包含少量其他分類變數的專案模型，以及如何分析與理解這類模型的品質。

第 11 章 生產力極端值對估算的影響

　　　　分析如何識別出專案最佳和最壞情況的生產力，並說明如何從效能分析中吸取經驗教訓並用於估算。

第 12 章 對單一資料集建立多個模型

　　　　探討規模經濟和規模不經濟、過程績效能力、對生產力限制的影響等概念，並分析如何從單一資料集中識別出多個模型。

第 13 章 重新估算：矯正工作量模型

　　　　探討在一個軟體專案生命週期中，有很多影響生產力的因素，比如功能的增加或修改、風險成形等。因此，專案經常需要在生命週期的各個階段重新進行估算。本章介紹建立重新估算模型的方法。

更多關於本書的資料，請參考下列網址：

http://profs.etsmtl.ca/aabran/English/Autres/index.html

下表為軟體經理的閱讀指導方案。

推薦閱讀章節	推薦理由	如何運用這些資訊
第 1 章 完整閱讀	估算過程包括多個階段，估算人員和管理者的職責各有不同且功能互補。	驗證你的估算過程是否包含本章中描述的所有階段，並且相關職責是否皆已明確理解。
第 2 章 完整閱讀	經濟學概念對於估算目的非常有用：它們可以解釋軟體專案成本結構中的基礎性問題，例如軟體開發的固定成本與變動成本、規模經濟與規模不經濟。	詢問一下你的軟體工程師： 1. 在軟體專案中的固定成本與變動成本是什麼？ 2. 我們的軟體開發過程中是否存在規模經濟或規模不經濟？
第 3 章 完整閱讀	估算人員應該提供各種情境及其可能的估算範圍，管理層可以在專案組合層級上，根據這些資訊分配專案預算以及應變資金。	管理者需要從一個估算範圍中選擇一個值作為專案預算，並且分配應變資金以管理原本既存的估算風險。

推薦閱讀章節	推薦理由	如何運用這些資訊
第 4～7 章 快速閱讀	估算模型應該給出「值得信賴的數字」：必須驗證並記錄估算模型的品質，如若不然，估算將淪為「垃圾進，垃圾出」的無效結果。	要求估算人員記錄估算過程中的品質控制，並且要對估算過程進行稽核審查。
第 8～13 章 快速閱讀	透過標準化定義收集的資料可以在組織內及產業內進行效能比較。在進行資料分析和建立估算模型時，需要使用工程化技術。當專案預算出現偏差時，一般的估算模型將不再適用：需要使用重新估算模型	驗證你的組織在進行資料收集時，使用的是最佳產業標準。要求估算人員根據這幾章推薦的最佳實務來實作估算，並開發一個重新估算模型。

下表為 IT 從業人員、IT 稽核人員、對以下主題有興趣的大學生或研究所學生的閱讀指導方案：

- 培養軟體估算專業技能；
- 驗證目前的軟體估算模型和過程的品質；
- 設計新的軟體估算模型及估算過程。

推薦閱讀方式	推薦理由	如何運用這些資訊
第 1～3 章 完整閱讀	估算模型必須對組織效能有清楚的認知：軟體開發中的固定成本與變動成本、規模經濟與規模不經濟。	當你準備進行專案估算時，使用組織內與固定成本與變動成本有關的歷史資料作為估算過程的基礎；清楚界定估算人員與專案經理各自的職責。
第 4～7 章 完整閱讀	估算模型應該要提供「資訊」，而不僅僅是數字而已。這四個章節利用圖解來說明組織目前的生產力模型或待實作的生產力模型，需要驗證哪些方面，以及記錄模型品質時需要使用哪些準則；同時也將闡述，增加更多的因素並不會提高模型的確定性。	對於決策制定，你必須提供相關資訊，像是數據和背景資訊，包括記錄生產力模型輸入的品質，以及可能的估算範圍。

推薦閱讀方式	推薦理由	如何運用這些資訊
第 8 ~ 13 章 完整閱讀	設計一個值得信賴的估算過程，需要具備以下要素： • 資料收集的標準 • 識別統計學上的離群值 • 選擇相關的樣本進行資料分析 • 建立單變數模型及多變數模型 • 在重新估算時，需要考慮其他限制	在估算時，根據相關的資料集，使用所推薦的技術建立合理的估算模型。在重新估算時，納入其他相關的生產力因素。

貢獻者

　　多年來，許多業界的同事、世界各地多所大學的專職人員、甚至以前的研究生都幫忙釐清了本書中探討的許多概念，感謝他們，特別是下列幾位合作人士：

章　名	校　閱　者
第 2 章 理解軟體過程效能所需的工程與經濟學概念	Juan Cuadrado-Gallego, University of Alcala（西班牙）
第 3 章 專案情境、預算編列和應變計畫	Eduardo Miranda, Carnegie Mellon University（美國）
第 7 章 調整階段的驗證	Luca Santillo, Agile Metrics（義大利）
第 8 章 資料收集與產業標準：ISBSG 儲存庫	David Déry（加拿大） Laila Cheikhi, ENSIAS（摩洛哥）
第 9 章 建立並評價單變數模型	Pierre Bourque, ETS – U. Québec（加拿大） Iphigénie Ndiaye（加拿大）
第 10 章 建立含有分類變數的模型	Ilionar Silva and Laura Primera（加拿大）
第 11 章 生產力極端值對估算的影響	Dominic Paré（加拿大）

章　名	校　閱　者
第 12 章 用單一資料集建立多個模型	Jean-Marc Desharnais, ETS – U. Québec（加拿大） Mohammad Zarour, Prince Sultan University Onur Demırörs, Middle East Technical University（土耳其）
第 13 章 重新估算：矯正工作量模型	Eduardo Miranda, Carnegie Mellon University（美國）

特別感謝以下人員：

- Guadalajara University 的 Cuauhtémoc Lopez Martin 教授以及 Charles Symons，他們對本書的初稿提出了非常有建設性的意見；

- Maurice Day 先生，協助本書的圖表改進。

最後，本書謹獻給以下人員：

- 這些年向我提供軟體估算方面回饋和見解的人，以及用自己的方式不斷為軟體估算的改進做出貢獻的人，目的都是要找出合理的量化決策；

- 還有我的博士生們，他們擁有很多年的產業實務經驗，且提出了各種專業的意見，深入揭示軟體估算模型的本質。

▌關於作者

Alain Abran 博士是加拿大蒙特婁市魁北克大學高等工程技術學院（ETS）的軟體工程研究教授。

Abran 博士擁有 20 年以上的資訊系統開發和軟體工程業資歷，以及 20 年的大學教學經驗。Abran 博士擁有加拿大蒙特婁理工大學電子與電腦工程博士學位（1994 年）、加拿大渥太華大學管理科學碩士學位（1974 年）和電氣工程碩士學位（1975 年）。

Abran 博士是通用軟體測量國際協會（Common Sofeware Mesurement International Consortium, COSMIC）（參考網址：www.cosmicon.com）的主席。他在 2010 年出版了《軟體計量學與軟體測量學》（Software Metrics and Software

Metrology），2008 年出版了《軟體維護管理》（Management of Software Maintenance）1，均在 Wiley & IEEE CS 出版社出版，並共同編輯了 2004 年版「軟體工程知識體系指南」（參考網址：www.swebok.org）。

Abran 博士的研究方向包括軟體生產力、估算模型、軟體品質、軟體測量、功能規模測量方法、軟體風險管理以及軟體維護管理。

他大部分的著作可以在下列網址下載：http://www.researchgate.net

Abran 博士的聯繫方式是：alain.abran@etsmtl.ca

▌關於譯者

徐丹霞是麥哲思科技高級諮詢顧問、軟體測量與量化管理專家、COSMIC 測量手冊中文譯者、COSMIC 方法資深講師、認證的軟體成本造價師、認證的大規模敏捷（SAFe）諮詢顧問（SPC），以及 CMMI 研究所授權的 CMMI-DEV 教師。具有多年的軟體測量和功能點應用領域經驗，曾協助多家企業導入功能點方法，解決專案成本估算的難題。

郭玲是麥哲思科技高級諮詢顧問、香港城市大學資訊系統管理碩士、COSMIC 測量手冊中文譯者、COSMIC 功能點講師、PMI-PMP 與 PMI-ACP 認證專業人士，為多家軟體公司提供了功能點方法導入的諮詢與培訓。

任甲林是麥哲思科技（北京）有限公司總經理、CMMI 研究所授權高成熟度主任評估師及 CMMI 教師、CMMI 中國諮詢委員會（CAC）成員、COSMIC 實踐委員會、國際諮詢委員會成員、中國區主席、AgileCxO 研究所授權的敏捷性能合弄模型（APH）評估師及教練、認證的 Scrum Master 及大規模敏捷（SAFe）諮詢顧問（SPC），擁有超過 25 年的軟體工程經驗、20 年過程改進經驗和 10 年以上軟體專案管理諮詢經驗。2014 年出版《術以載道—軟體過程改進實踐指南》。

目錄

PART I　理解估算過程

01　估算過程：階段和角色

02 理解軟體過程效能所需的工程和經濟學概念

03 專案情況、預算和應變計畫

PART II 估算過程：必須驗證什麼？

04 概述估算過程中必須驗證的內容

05 驗證用於建立模型的資料集

06 驗證生產力模型

07 對調整階段的驗證

PART III　建立估算模型：資料收集和分析

08　資料收集與業界標準：ISBSG 資料庫

09　建立並評價單變數模型

13 重新估算：矯正工作量模型

economics
Understanding
the Estimation
Process

理解估算過程

估算絕對不是隨便想出一個神奇的數字,讓每個人冒險賭上自己的職業生涯,承諾要達成目標(導致專案團隊成員瘋狂加班努力達成不切實際的交付日期)。

本書的第一部分由第 1 ～ 3 章組成,主要介紹了估算過程的一些關鍵概念。

第 1 章 介紹估算過程,內容如下:

- 收集將要輸入到估算過程的資料;
- 資料在生產力模型中的應用;
- 用於處理專案假設、不確定性和風險的調整階段;
- 預算編列階段;
- 估算人員的角色:負責提供估算結果區間的資訊;
- 管理者的角色:負責從估算人員提供的估算結果區間中選擇一個特定的值作為預算。

第 2 章 解釋軟體開發生命週期過程和傳統過程模型之間的關係,以及在軟體專案背景下的多個經濟學概念,內容如下:

- 規模經濟和規模不經濟;
- 固定成本和變動成本。

第 3 章 討論從估算結果區間中選擇單一預算值的影響,包括識別各種情境與其對應的機率,以及識別與管理專案組合的應變策略。

請繼續閱讀 ▶

估算絕對不是隨便想出來的一個神奇數字，
讓每個人都賭上自己的職業生涯去承諾會
達成目標。

CHAPTER

01

估算過程：階段和角色

學習目標

兩個通用的估算方法：根據經驗判斷和工程估算的方法

軟體專案估算過程的概述

基礎：生產力模型

估算過程的階段

參與估算和預算編列的角色及其職責

1.1 概述

如果一個組織沒有測量歷史專案的生產力，那麼該組織將無法洞悉以下資訊：

- 組織是如何運作的；
- 某個經理的績效與其他人的差別有多大；
- 某個經理在估算時所做的假設與其他人的差別有多大！

很多軟體組織中都存在這種現象—使用了與自己組織生產力效能不同的生產力模型，因而根本無法提供真正的價值。當組織對以下兩種情況不甚瞭解時，更是如此：

- 來自外部儲存庫的資料品質；
- 在相應環境中建立的生產力模型品質。

當一個組織已經收集了自己的資料，並且有能力分析資料、記錄生產力模型品質時，則該組織具備了以下優勢：

- 市場導向的組織中具備關鍵競爭力優勢；
- 在非競爭環境下的組織中具備可信度優勢。

估算絕對不是隨便想出來的一個神奇數字，讓每個人都賭上自己的職業生涯去承諾會達成目標（導致專案團隊成員瘋狂加班努力達成不切實際的交付日期）。

本章簡要說明估算過程的各個階段，並闡述生產力模型與將其應用於估算過程的區別。

- 1.2 節介紹估算的兩個通用方法：經驗判斷還是工程化。
- 1.3 節簡要陳述估算軟體專案常見做法與期望。
- 1.4 節討論估算過程的不確定性程度。
- 1.5 節探討生產力模型的關鍵概念。
- 1.6 節解釋估算過程中生產力模型的使用。
- 1.7 節討論業務背景下的各個估算職責。

- 1.8 節闡述預算編列與定價的差異。
- 1.9 節提供章節總結。

1.2 估算模型的通用方法：經驗判斷還是工程化

1.2.1 實務人員的方法：經驗判斷和技藝法

採用數學模型進行估算，是將多個外顯成本動因（explicit cost driver）作為定量參數或分類參數，代入一個精確的數學方程式進行運算，從而得到估算結果；然而，實際上產業普遍使用的估算技術—也稱為**專家經驗判斷法（expert judgment estimation）**，一般都不會記錄使用了哪些參數，或者明確描述如何將這些參數進行組合。

專家經驗判斷法的整個估算過程與本章接下來要介紹的估算過程類似，只是不那麼透明，當然，也無法追溯專家經驗模型背後的歷史資料。此外，也不可能對專家經驗模型的效能進行評價，因為沒有把關鍵專案的變數客觀地進行量化和標準化，例如軟體規模：

- 一個專案如果按照「官方」預算去管理，可能會成功。但是，如果無法驗證承諾的所有功能，便不能宣稱估算結果是正確的：只交付了客戶要求的部分功能，表示預期效益沒辦法回收，也就是與專案啟動初期的成本效益分析結果有所出入。

我們從中可以得到結論，如果無法對功能交付情況進行相應的分析，那麼根據專家經驗的估算結果所進行的效能分析，價值將十分有限。

當然，專家經驗判斷法需要高度依賴估算人員的專業經驗，而且會隨專案的不同而有所差異，導致該方法的效能評估充滿了挑戰性。

對於專家經驗的依賴，等於是為估算過程賦予了更多的技藝特徵，因為該方法主要依賴人的能力，而非某種經過全面測試並且完整定義的客觀工程技術。

在決定應該包含哪些成本動因（cost driver），以及判斷每個成本動因影響的特定區間範圍時，基本上是完全取決於一組估算工具開發者的判斷，甚至是單獨一個人的判斷。

實務人員通常也會嘗試改進傳統的軟體估算模型，他們採用如下所列的類似方法：

- 根據其價值判斷（也稱為**專家經驗判斷**或**專業知識判斷**），對成本動因進行增加、修改和（或）刪除；
- 在原有的基礎上增加一個影響因素。

這意味著改進過程一般是主觀的，也缺乏足以支持其改進建議的統計分析。

1.2.2
工程化方法：保守方法—每次只有一個變數

從工程化的角度來看，軟體模型的建立是根據：

- 對歷史專案的觀察和量化資料的收集。
  - ‣ 包括變數尺度類型（scale type）的識別，在建立生產力模型時加以考慮並充分使用這些變數。
- 對每個變數的影響進行分析，每次考慮一個。
- 選擇相關的樣本，且從統計學角度來看，樣本量是足夠的。
- 記錄和分析所用資料集的分布特徵。
- 將結論應用於與採集的樣本資料不同情境時謹慎以待之。

工程化建立模型的方法，首先分別研究分析每一個因素，之後再進行各因素的組合研究。

依靠這種方法當然無法找到一個適用於所有情況的通用模型。

- 但是，可以找到符合部分限制條件的合理模型。

本書正是使用這種方法作為建立生產力模型的基礎：

- 找到變數與工作量的關係，並對所有變數進行逐個研究以獲得深入見解。

採取這種方法意味著首先需要找到每個變數對應的生產力模型，並且承認：

- 不存在完美的模型（也就是說，一個模型不可能**直接**考慮所有的變數）；
- 每個模型都會展示出單一變數對依變數（dependent variable）──即工作量──的影響。

1.3 軟體專案估算與現行實務做法概述

首先，我們概要地介紹一下估算過程（estimation process），然後說明一些現行實務做法和預期做法。

1.3.1
估算過程的概述

軟體估算方法的概括描述如圖 1.1 所示。

（A）圖 1.1 的左邊部分是軟體估算過程的輸入條件。這些輸入一般包括以下內容：
- 產品需求：
  - 用戶提出的功能性需求，這些需求被分配在軟體中。
  - 非功能性需求，一部分被分配到軟體中，其他的則分配到系統其他部分（硬體、操作手冊等）。
- 軟體開發過程：通常先選擇一個生命週期模型（如敏捷、迭代等）及其各種組件，包括開發平台、程式語言和專案團隊。

- 專案限制：這些是外部施加給專案的限制（如預定的交付日期、最高可用預算等）。

（B）圖 1.1 的中間部分是作為估算過程基礎的生產力模型，包含以下內容：
- 每位參與估算過程的專家的「隱含」模型（一般來說，專家使用的生產力模型不會記錄下來）。
- 數學模型：迴歸、案例推理、類神經網路等。

（C）圖 1.1 的右邊部分是正常預期的估算輸出，包括：
- 軟體交付所需工作量（成本或專案工期）的估算結果，交付的軟體應滿足輸入中的特定品質要求。

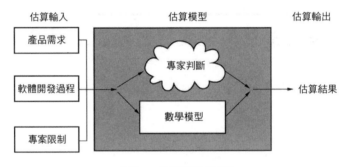

○ 圖 1.1 估算過程的示意圖

1.3.2
糟糕的估算實務

在很多文獻中都會用大量的篇幅介紹專案估算知識，尤其是軟體專案估算方面的知識。然而，實際上，軟體業一直以來備受大量的糟糕估算實務困擾著，如圖 1.2 所示。

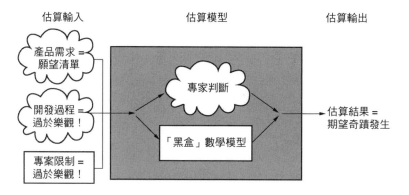

估算輸入　　　　　　　　估算模型　　　　　　估算輸出

○ 圖 1.2 業界一些糟糕的估算實踐

（A）估算輸入：

- 客戶對軟體系統的期望只有一個無比簡單的描述，經常是非常概略的定義，極少的文字記錄。有多少次軟體人員被要求在只有半頁用戶需求描述的情形下進行估算？這種估算輸入在圖 1.2 中稱為「願望清單」。這樣的清單不可避免地會隨著時間更迭而改變，並且很有可能會以無法預測的速度演變；

- 為了彌補缺漏的使用者需求描述，軟體經理必須盡可能地考慮更多的成本動因，以降低其估算風險。

（B）估算模型：

- 它是正式或非正式的模型，透過黑盒操作方式整合這些未完整定義的需求：

  ▸ 自身經驗：內部經驗或外部經驗（專家經驗法）；

  ▸ 書中或是估算工具中隱含的數學模型。

（C）估算輸出：

- 一個單點值的估算結果。該結果必須嚴格遵守在專案預算內以及在已定義的工期內，滿足客戶期望完成的功能性需求。

  ▸ 注意：這張圖並未將不在計畫中的加班時數考慮進去，因此軟體開發組不會有加班費！

- 一個過於樂觀的態度，在軟體從業者中是很常見的，這意味著開發組將超越以往歷史績效，並且可以及時克服一切限制條件。

- 同時，軟體工程師或專案經理給出的估算結果，既要滿足客戶期望，也要遵守公司高層分配的專案預算。

綜上所述，在這種最糟糕的實務做法中，不管是客戶還是管理層都期望他們的員工（及供應商）會承諾不超時、不超預算地交付預期的軟體功能，並且還是在他們自己都不清楚期望獲得什麼樣的具體產品功能，而這種不確定性，也同樣會遺留到所有的新專案中。

換句話說，一方面客戶和管理層期待奇蹟會發生，另一方面，太多的軟體從業者進行著很糟糕的單點值估算，表現得好像他們可以持續地創造奇蹟一樣！

✦ 業界的一些最佳估算實務

成熟的軟體組織把估算看作一個能給他們帶來商業上競爭優勢的過程，為了得到這種競爭優勢，他們投資在估算過程上，並掌握了其中的關鍵因素，包括了：

- 調查收集專案需求並瞭解其品質
- 使用軟體測量國際標準
- 在整個專案生命週期中堅持量化測量方法
- 量化分析他們的歷史效能，即他們在交付歷史專案和滿足專案目標方面的能力如何
- 深入分析他們的估算效能（實際 vs. 估算）

✦ 業界的一些最差估算實務

- 主觀臆斷和單點值估算
- 使用黑盒估算（專家經驗和 / 或沒有文件記錄的數學模型）
- 依賴別人的數字：沒有對自己的估算過程進行分析研究，以發展出持續性的競爭優勢

1.3.3
糟糕的估算實際例子

以下是一些糟糕的估算實際例子，如圖 1.3 所示。

（A）估算模型的輸入（input to estimation model）：

- 產品需求＝願望清單：
  - ▸ 沒有按照國際標準測量功能性需求。
  - ▸ 使用專案結束後的千行程式碼（thousands of code, KLOC），並沒有考慮各種程式語言的混合使用以及不同程式語言的特徵。
  - ▸ 規模的計量單位常被認為是無關緊要的。
  - ▸ 根據糟糕的需求進行 KLOC 的猜測估算，以及對採用不同程式語言時的需求與 KLOC 之間關係錯誤理解。

（B）模型開發過程（development process）：

- 個別描述性因素轉變為量化影響因素，沒有考慮其精確性和偏差。
- 在自有的開發環境中，缺乏對各專案變數的影響進行客觀的量化分析。
- 完全依賴沒有足夠證據支持的外部資料。

（C）生產力模型（productivity model）：

- 在基於專家經驗的估算方法中，所謂專家的估算效能是未知的。
- 沒有驗證是否滿足各種統計技術所需的假設（例如，迴歸模型裡變數的「常態」分布）。
- 變數太多，沒有足夠的資料點來進行合理的統計分析。
- 根據專家經驗的方法進行效能分析時，沒有驗證交付的軟體規模。

（D）估算輸出（estimation output）：

- 夢想：一個「準確的」估算結果。
- 對估算結果的備選值範圍和備選偏差原因只做了有限的分析。
- 對估算結果的品質只做了很少的記錄。

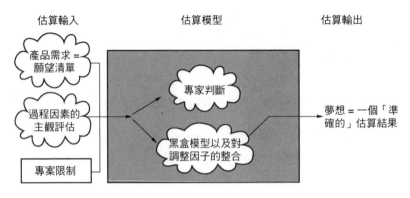

估算輸入　　　　　　　估算模型　　　　　估算輸出

△ 圖 1.3 夢想：一個「準確的」估算結果

1.3.4
現實：失敗記錄

在全世界大大小小的組織中，軟體專案估算是一個重複發生且重要的活動。過去半個世紀，人們對軟體專案估算做了大量的研究，並提出了無數個業界模型；重點是，業界的軟體估算成果到底好不好呢？

答案是：並不怎麼出色 [Jorgensen and Molokken 2006; Jorgensen and Shepperd 2007; Petersen 2011]，如圖 1.4 所示。

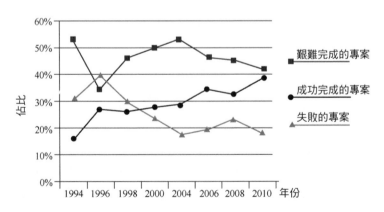

△ 圖 1.4 專案成功趨勢圖（根據 Standish Group 資料）[改編自 Miranda 2010]

- 圖 1.4 是由 Eveleens and Verhoef（2010）取自 Standish Group Chaos 報告的資料，顯示 30 年間僅僅只有 30% 的軟體專案是在預算內如期交付的。
  - ‣ 自從 1995 年 Standish Group 報告第一版發布以來，軟體開發業在按時、按預算完成開發專案的能力上取得了一些進步，但仍有將近 70% 的軟體專案延遲交付並且超出預算，或者被取消。
- El Eman 和 Koru（2008）在 2008 年的研究中指出，艱難完成的專案和失敗的專案平均數量佔比為 50%。

1.4 估算過程的不確定性程度

1.4.1
不確定錐

著名的**不確定錐**（**cone of uncertainty**）以模型的方式展示了在專案整個生命週期過程中預期的偏差範圍，如圖 1.5 所示。

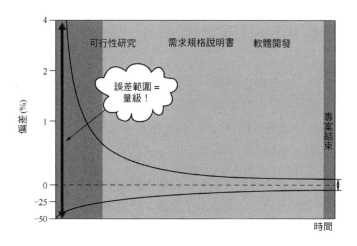

🔾 圖 1.5 專案生命週期中的不確定性程度 [改編自 Boehm et al. 2000，圖 1.2, p. 10]

專案初期，即可行性研究階段，對於未來的專案（t=0）：

● 專案的估算偏差最大可能達到實際值的 400%，最小則為實際值的 25%。

在專案結束時（t= 專案結束）：

● 這時候，工作量（effort）、工期（duration）和成本（cost）——這些都是依變數（dependent variable）——的值相對比較準確（在工作量資料收集過程的品質比較可靠的情況下）。

● 成本動因（自變數，independent variable）的值也相對比較清楚了，因為這些值都已經實際觀測過，所以可以認為這些變數都是「確定的」，不會有任何修改（其中很多變數都是非量化的，例如開發模式、程式語言以及開發平台）。

● 但是，這些依變數和自變數的關係卻很少有人知曉。即使是**在專案結束這個時間點每個變數都是確定的**，也仍然沒有一個模型可以完美地複製規模與工作量之間的關係，而且生產力模型本身也仍然有不確定性。

我們稱這個階段為「生產力模型階段」（t= 專案結束的時間）。圖 1.5 中不確定錐的最右端沒有達到完全準確的原因是，圖中的所有值基本上都是由專家法推算的暫定值。

1.4.2
生產力模型中的不確定性

圖 1.6 是一個二維生產力模型草圖（假設是已經完成的專案），橫軸是已完成專案的規模，縱軸是已完成專案的實際工作量。圖上的每個點都對應一個已完成的專案（該專案的規模和實際工作量），而斜率就是表示這組已完成專案的統計學公式，也就是相應的生產力模型。

● 換句話說，生產力模型表示圖中兩個變數間的關係，即自變數（軟體的規模）和依變數（已完成的專案工作量）間的關係。

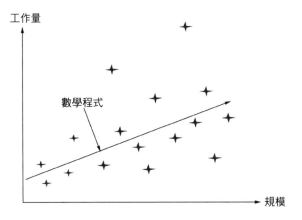

工作量

數學程式

規模

○ **圖 1.6** 只有一個自變數的模型

從圖 1.6 中可以觀察到，大部分的實際值都沒有正好落在數學公式的那條斜線上，而是有一定的距離。這意味著生產力模型不能準確地模型化規模與工作量之間的關係：即使估算過程的輸入資訊沒有任何的不確定性，也只有部分實際值很接近那條線，而其他實際值卻離得很遠。

關於規模與工作量關係的生產力模型（有一個或者多個自變數）建模過程，在文獻中經常提到這類模型的當前效能目標，如圖 1.7 所示：

- 即 80% 的專案落在距離公式斜線 20% 的偏差範圍內，而 20% 的專案落在這個範圍外（但是不超過某個偏差範圍上限）。

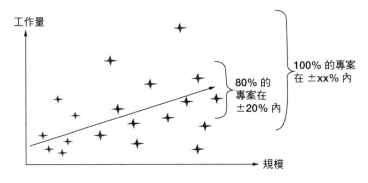

工作量

規模

80% 的
專案在
±20% 內

100% 的專案
在 ±xx% 內

○ **圖 1.7** 模型準確度目標

用於建立生產力模型的背景（以及已收集的資料）與需要進行估算的背景有很大的區別：在實務中，一個專案必須在整個生命週期的初期進行估算（事前估算），在這個階段，哪些是需要開發的軟體功能以及如何開發這些功能，都存在很大的不確定性。

在 1.5 節和 1.6 節中，我們將更詳細地講解生產力模型及其在估算過程中的應用。

1.5 生產力模型

研究者在建立數學模型時，一般都是使用已完成的專案資料。

- 這意味著他們是根據一組已知的事實而沒有任何不確定性，如圖 1.8 所示。

- 因此，文獻中大多數所謂估算模型，實際上是**生產力**模型。

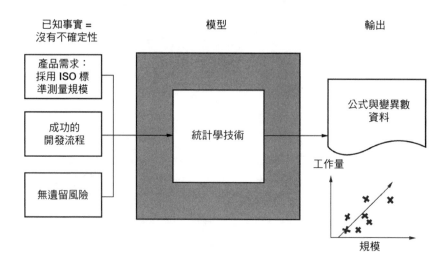

🔺 圖 1.8 生產力模型的原理示意圖

待建立模型的輸入內容如下：

- 產品需求：已開發完成並交付的整個軟體。
  - ▶ 根據實際交付的軟體，可以非常精確地測量軟體。
  - ▶ 同時，可以採用任意可用的分類機制，對軟體的特徵進行描述。
- 由於軟體發展過程已完成，可以明確地進行描述和分類。
  - ▶ 資源方面：人員的業務領域相關經驗、開發技能、在專案週期內的可用性等。
  - ▶ 過程方面：開發方法、開發環境等。
- 目前已明確瞭解專案限制，也不存在其他未知因素和遺留風險：所有變數都是常數（不會有變化）。

總之，這些來自於已完成專案的輸入條件可以包括以下兩個方面：

- 量化資料（例如軟體功能規模，可能是用國際測量標準進行測量的，例如使用傳統功能點方法或 COSMIC 功能點方法）。
- 名詞資料（例如程式語言）或者名目類別資料（例如軟體工程工具的類別），或者順序變數（ordinal variable，例如複雜程度，從非常簡單到非常複雜）。

（A）數學公式模型

估算人員可以使用一系列的數學方法，來幫助他們從大量已完成專案中量化確定目標依變數（例如，專案工作量或專案工期）與自變數（產品規模和各種成本動因）之間的關係。

- 例如，圖 1.8（和圖 1.6）的右下角展示了已完成軟體專案的規模和交付這些專案所需工作量之間的關係。
  - ▶ 橫軸表示已交付（即過去）軟體的規模。
  - ▶ 縱軸表示每個專案花費的工作量。
  - ▶ 每個星號表示一個專案元組（規模和工作量）。
  - ▶ 直線斜率代表最符合這組資料點的迴歸線（自變數和依變數─即專案規模與專案工作量─之間的關係）。這條迴歸線是透過統計模

型得到的，代表由這組特定資料集的點生成已交付的專案之生產力，這些歷史專案也不存在任何不確定性。

這些歷史專案生產力的數學模型，主要優勢如下：

- 該資料集當中的變數描述都遵循某些文件的規範。
- 可以描述並分析這些數學模型的效能。
  - ▸ 例如：圖 1.8 中的迴歸模型，用每個點與公式線的距離可以計算出模型的「品質」。
- 任何人都能使用這些模型來估算以後的專案。而且，如果對這些模型提供同樣的輸入資訊，就會得到同樣的輸出結果（模型是「客觀的」）。在實務中，估算結果會因輸入的不同而不同。

因此，生產力模型是**根據已知資訊建立的歷史專案模型**，同時：

- 該模型具有對已執行軟體進行精確測量得到的量化變數（但是測量過程仍然存在一定程度的不精確）；
- 這些量化變數是在專案生命週期期間進行收集並存在專案記錄系統裡；
- 其他已知資訊的描述性變數是由專案專家主觀評估確定。對於已完成的專案來說，沒有本質上的不確定性。

（B）專家判斷法

專家判斷法一般是非正式的、無記錄，是根據對過去專案的主觀回憶而得到的歷史經驗，通常是沒有參考已交付軟體的精確量化資料或者成本動因的精確資料。

唯一可獲得的精確資料通常是關於依變數（工作量和工期），而不是自變數（例如，產品規模，尤其是已交付的功能）。

此外，通常沒有歷史專案生產力的精確資料，也沒有能夠展示一組專案效能的圖表。

1.6 估算過程

1.6.1 估算過程的背景

典型的估算過程特徵：

- **專案早期估算需求不明確：**
  - ▸ 需求不精確；
  - ▸ 需求含糊以及有遺漏；
  - ▸ 貫穿整個生命週期的需求不穩定。

上述情況導致無法在該階段準確地測量需求規模，最多只能近似測量。

- **多種因素的不確定性可能會對專案造成影響：**
  - ▸ 專案經理的經驗；
  - ▸ 新的開發環境是否能如廠商廣告中所說的那樣執行。

- **大量的風險：**
  - ▸ 用戶改變需求；
  - ▸ 在計畫的時間內無法招聘到具備相關技能的人員；
  - ▸ 重要團隊成員的離開。

事實上，對於未來軟體專案的估算，經常是發生在這樣的背景下：

- 資訊不完整；
- 資訊有許多未知情況；
- 資訊存在大量風險。

本章將透過一個工程化過程解決以上估算需求，並開發一套**估算流程**處理上述的限制，也就是：

- 不完整
- 不確定性
- 風險

1.6.2
基礎：生產力模型

首先，根據歷史專案建立的生產力模型是估算過程的核心，不管這個模型：

- 是以正式的數學公式形式描述；
- 還是隱藏在人的經驗背後，靠專家判斷法得到的軟體估算。

其次，圖 1.8 中的生產力模型是應用於以後的專案估算中（圖 1.5 中不確定錐的左邊），而這種情況下：

- 無法精確得知輸入（包括產品需求的規模和成本動因）的資訊，並且它們很有可能存在大幅度的偏差和不確定性。

橫軸上預期的輸入（未來的專案），其偏差範圍會對變數估算結果輸出（比如，縱軸上的專案工作量或專案工期）的偏差範圍造成決定性影響，導致其與根據歷史專案建立的生產力模型相比，可能存在更大的偏差。

1.6.3
完整的估算過程

估算過程包括如下五個主要階段，如圖 1.9 所示。

（A）階段 A_ 收集估算過程的輸入：

- 產品需求的測量資料（或者，更常見的是對需求規模的估算或近似值）；
- 對其他成本動因的假設。

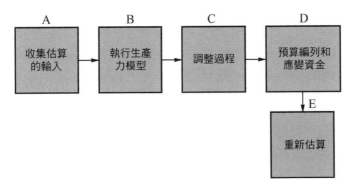

△ 圖 1.9 估算過程

（B）階段 B_ 生產力模型的使用（作為一種模擬模型）。

（C）階段 C_ 調整過程，將生產力模型沒有包含的那些變數和資訊考慮進
　　去，包括：

- 不確定因素的識別；
- 風險評估。

（D）階段 D_ 預算決策：確定最終的單一預算值（專案層級和專案組合層
　　級）。

（E）階段 E_ 在專案監控需要時進行重新估算。

下文中，將會對每個階段進行詳細的介紹。

1. 階段 A：收集估算的輸入（見圖 1.10）

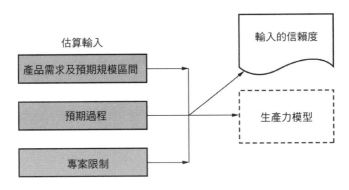

△ 圖 1.10 階段 A：估算過程中輸入資料的收集

分析專案資訊和收集資料，以便識別出成本動因（資源、過程和產品），作為一個具體專案的估算輸入。

對識別出的成本動因值進行估算：

> ▶ 當準備進行估算時，這些輸入本質上具有不確定性，所以需要進行估算；
> ▶ 輸入的這種不確定性應該記錄下來，以便用於階段 B。

2. 階段 B：執行生產力模型（見圖 1.11）

使用生產力模型進行估算通常有兩個步驟：

（1）使用生產力模型作為一種模擬模型，通常只考慮輸入值的估算結果（而不考慮輸入值的不確定性）：

　　a. 生產力模型公式會產生一個理論上的單點估算值，即代表公式的直線上面的某一點。
　　b. 生產力模型的效能資料可以用於識別預期偏差範圍（根據建立模型所使用的歷史資料）。

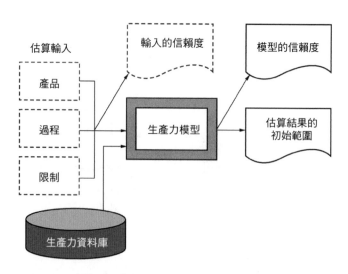

△ 圖 1.11 階段 B：在估算過程中執行生產力模型

（2）利用估算輸入值的不確定性和偏差範圍資料，來調整上面第一個步驟中
所估算的輸出值範圍。一般來説，這個步驟會使得生產力模型所生成的
估算值預期偏差範圍擴大。

3. 階段 C：調整過程（見圖 1.12）

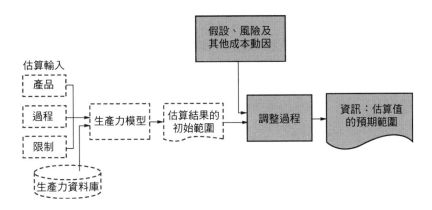

△ 圖 1.12 階段 C：調整階段

估算過程不僅限於盲目地使用生產力模型的輸出值：

● 一方面，通常核心生產力模型只包括有限的幾個變數，也就是明確作為自
變數，出現在數學公式中的那些變數。

● 另一方面，還有一些其他因素既可能沒有歷史資料，也沒有可能影響專案
的風險因素（這些因素通常大多都可以量化表示）。

　▸ 軟體估算人員必須識別出這樣的因素，因為它們可能對專案造成影響，
因此需要在調整過程中予以考慮。

調整過程需要考慮在估算過程中還沒有使用的變數和資訊，包括：

● 對其他成本動因（沒有包含在生產力模型中）的識別；

● 不確定元素的識別；

● 風險的識別及其發生的機率；

● 關鍵專案假設的識別。

注意，這個過程經常是在專家判斷的基礎上進行的，通常不僅會影響生產力模型的理論估算，還會影響估算結果的上限和下限，並且可能會提供定性資訊（或稱質的資訊），例如：

- 一個樂觀的估算（optimistic，最低成本或最短工期）；
- 一個最可能的估算（most likely，人們認為發生的機率較大）；
- 一個悲觀的估算（pessimist，最高預期成本或最長工期）。

　　因此，估算過程的輸出是一組數值，即一組資訊。這些資訊將應用於下一階段的預算編列和專案資源分配。

4. 階段 D：預算決策（見圖 1.13）

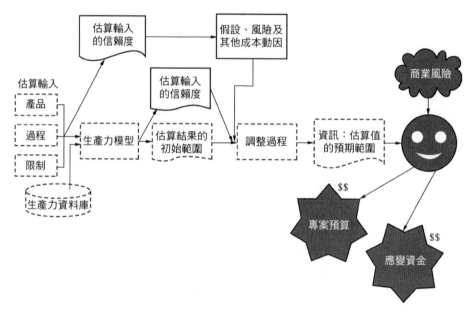

◆ 圖 1.13　階段 D：預算編列決策

　　預算決策階段包括從估算結果的初始範圍中選擇一個具體值或一組值（工作量和工期），並分配到專案中；這一階段正是決定專案預算的階段。

　　當然，一個具體值的選擇─經常誤指為「估算」─主要取決於業務經理（即

決策者）的策略：

- 保守者會選擇一個較高的值（在悲觀情況下）；
- 冒險者會選擇一個較低的值（在樂觀情況下）；
- 中庸的管理者則會分析整個範圍及其可能性，然後選擇一個專案預算，同時再設置一部分應變資金，以免自己選擇的值可能過低。
  - ▶ 應變資金的管理經常在專案組合層級進行，參見第 3 章。

對一個具體專案的預算決策（在實務中誤指為「專案估算」），不應該只參考生產力模型得出的結果。

- 估算過程最終結果的可靠性，不會高於每個子過程及其組件的可靠性，而是跟最不可靠的那個組件程度相同。
- 因此，預算決策者必須瞭解每個組件的品質以便謹慎使用估算結果。

估算和預算編列的其他概念在 1.7 節中有討論。

5. 階段 E：重新估算過程（見圖 1.14）

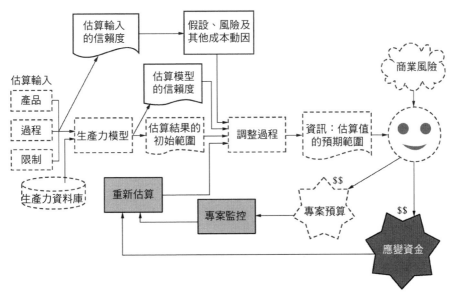

● 圖 1.14 階段 E：重新估算

由於估算過程內在的不確定性，必須監控這些專案以便驗證是否按照計畫進行，包括預算、時程和預期的品質。一旦出現重大偏離，專案應該要馬上重新進行估算 [Farley2009；Miranda and Abran 2008]。關於這方面內容，將在第 3 章和第 13 章進行詳細講解。

6. 階段 F：估算過程的改進（見圖 1.15 和圖 1.16）

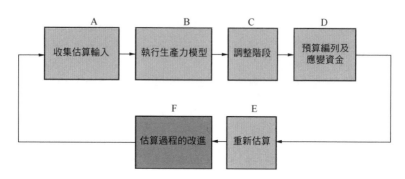

◑ 圖 1.15 估算過程的回饋迴路

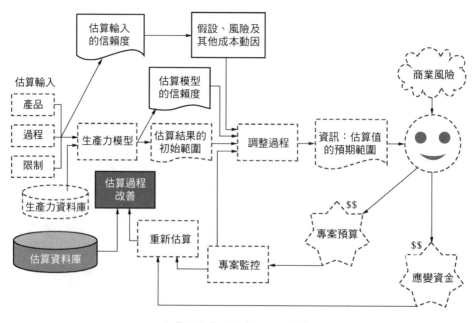

◑ 圖 1.16 階段 F：估算過程的改進

在專案層級上，專案經理的直接職責只包含了上述的五個估算階段，之後他們便可以往前進行下一個專案了。

還有一個階段，通常在組織層級執行而不是專案層級，包括在專案結束時利用初始估算參數分析估算過程本身的效能，以及改進估算過程從 A 到 E 的各個階段。這個階段我們稱之為「階段 F：估算過程的改進」（見圖 1.15 中本階段的位置、圖 1.16 中包含所有輸入和輸出的總結說明）。

1.7 預算編列和估算：角色與職責

1.7.1
專案預算編列：職責的層級

估算過程的技術部分通常包括許多不同的情境、可能性和「估算參數」。

在此階段必須決策出一個具體值，該值在固定價格管理模式中通常稱為「專案預算」或「專案合約價」。

- 專案預算是從軟體估算人員提供的估算結果區間選擇一個單點值。
- 內部專案預算由高層選定，然後作為專案經理（及其團隊）的「目標」。
- 外部專案價格由高層管理者決定，並提供給客戶。舉例來說，該價格可能根據「完成時間及完成內容」定價，或是設定一個「固定價格」。

> ✏ **軟體專案的單點估算 = 糟糕的估算文化**
>
> 目前，軟體圈有眾多實務人員和管理者提供「單點估算」。
>
> 然而，這種做法是對估算概念的常見誤解。估算的目的是提供一個合理的推測範圍（從最小值到最大值以及介於這兩者間的

所有值—每個值對應一個相對較低的發生機率），這是估算人員的職責，詳見第 2 章和第 3 章。

另一個對估算概念的誤解是把估算與選擇具體的預算值（這是經理的職責，詳見 1.7.2 節和 1.7.3 節）聯繫在一起，這樣做並不恰當。預算值的選擇需要承擔風險並預留應變資金，該決策需要由比專案經理更高階的行政層級來決定，詳見第 3 章。

當然，這個預算值可能比整個估算範圍內的其他值更受重視，主要是因為在整個專案週期過程中，需要以此為目標做各種妥協，像是減少交付功能，或是跳過一些評審和測試來降低品質。

預算值儘管是一個單點值，它也是由多個概念組成的：比如在某個時間點某種程度品質的交付物所需的預估成本和工作量。事實上，即使在專案結束時，實際成本和工作量等於預算值，也不能證明估算是對的。這裡沒有考慮到，可能有很多功能被推遲到了下一期交付，而且可能有很多品質問題移到了維護階段，導致後續的成本增加。

專案預算選擇（和分配）策略將取決於組織的管理文化和企業背景。

（A）過於樂觀的文化（或激進的商業文化）

在很多情況下，專案預算的決策基準都是「價格取勝」（採用最低可能價格作為報價，以確保專案批准通過），儘管達成這個預算的可能性基本為零。

- 一個組織可能以低價競標一個專案（提出一個比合理預算更低的價格），並且預期會賠錢（實際成本會超過預期預算），卻期望後續專案能帶來更大的利潤。

- 一個組織可能最初以低價競標一個專案（一開始提出一個比合理預算更低的價格），但希望在重新協商預算時提高價格；基於多種因素考慮，這是很有可能發生的（比如增加一些最初競標階段沒有包含的功能，並設定較高的價格）。

（B）非常保守的文化

在一個政府組織中，有許多決策層級，導致審批流程冗長緩慢。管理層可能提出一個包含大量應變費用的預算，以避免因某些情況預算不足而需要重新走一遍審批流程；舉例來説，這種情況可能會發生在非競爭環境的組織中（例如商業壟斷機構或政府機構）。

（C）介於以上兩個極端之間的任何文化

1.7.2
估算人員

軟體估算人員（software estimator）在軟體專案估算過程中的角色（和職責）有以下幾種：

（A）建立生產力模型：包括收集歷史專案資料、建立自變數和依變數之間的精確模型，並記錄生產力模型的品質參數。

- 當組織缺少歷史資料時，估算人員必須找到替代方案（例如使用產業資料，或者獲取可用的商業化估算工具，並分析其效能）。

（B）執行圖 1.9 ～圖 1.12 中所述的估算過程 A ～ C 階段，具體包括：

- 收集已經做過估算的專案資料並記錄下來；
- 將這些資料登錄量化生產力模型並記錄預期的估算結果區間；
- 按圖 1.12 所描述的過程進行調整；
- 提供這些訊息給決策者。

1.7.3
經理（決策者和監督者）

經理（manager）的職責是承擔風險並管理風險，同時利用可用資源、盡可能獲得大量資訊來降低風險。

經理必須基於多方資訊做出決策，為某個具體情況下的專案選擇一個「最佳」預算：

- 從生產力模型以及相應的估算過程提供的區間範圍內選擇一個單點值作為預算。

顯而易見，預算決策：

- 非工程職責；
- 是管理職責。

當經理強迫其技術人員為一個單點估算值做出承諾時，他就把本應是他的職責轉移到團隊成員身上，這就是在不確定性和存在風險的背景下進行決策的內在風險。

- 經理根據估算人員提供的資訊，把本應屬於經理的決策職責轉移給估算人員。

當軟體人員對一個單點估算值做出承諾時，他在其專業領域和職責範圍兩方面都越界了：

- 他實際上是在做一個經理該做的事，並開始承擔風險，而且沒有得到足夠的報酬來履行這些管理職責。

在實務中，商業估算過程比估算過程本身要廣泛很多，並且不侷限於某一個專案或者某一個軟體專案視角。

- 前期軟體專案估算子過程的輸出不能作為決策過程的單一考量。

從組織角度來看，必須考慮專案組合管理，並且在某個具體專案決策之前，經理們應該考慮：

- 估算成本；
- 估算收益；
- 所有專案的估計風險。

個別專案的決策必須在公司利益最大化的策略下進行，同時要追求所有專案的風險最小化。

經理（即決策者）的其他職責如下：

- 執行估算過程（如本章描述的這個流程），包括：
  ▶ 分配資源來進行資料收集和資料分析，以便建立最初的生產力模型；
  ▶ 分配資源將生產力模型整合應用在整個估算過程的設計中；
  ▶ 分配資源來培訓大家如何使用整個估算過程。
- 在任何一個專案需要進行估算時，分配有技能和經過培訓的人員來執行估算過程。

✒ **高風險專案的例子**

在一個高風險專案中，若考慮潛在的可觀獲利，決策者會想要準備應變資金來確保專案完成，避免專案超出預算。

這類應變資金的運用，可能不會跟專案的管理人員交代。

本部分內容將在第 2 章詳細討論。

1.8 定價策略

除了前面章節中描述的估算和預算編列的實務和概念，被誤稱為「估算」技術的還有很多其他的實務做法，例如「搶攻市場佔有率」這種所謂的「估算技術」。

> ### ✒ 定價策略的例子：搶攻市場佔有率
>
> 　　為了搶攻市佔率，可能做出低價競標一個專案的商業決策，給客戶提供一份比預期專案成本低很多的「專案預算」。
>
> 　　這樣的市場策略背後，可能隱藏著另外兩個商業子策略：
>
> 1. 事先意識到潛在的損失是為了維持長期的客戶關係，為了贏得之後更有利潤可圖的專案；
>
> 2. 供應商已經意識到，有其他方式來增加專案成本，以便彌補過低的報價。
>
> 　　這會導致一種情況發生：忽略經過驗證的技術性估算給出的範圍區間，轉而迎合商業策略，結果專案預算變得不切實際且不可能達成。

1.8.1
客戶—供應商：估算中的風險轉嫁遊戲

　　幾乎所有軟體專案的客戶都希望找到一個成本固定的專案，並且保證**按時**、**按預算**地完成，這裡同時隱含著也要達成品質目標的期望。

　　事實上，除了在高度競爭的市場環境中，或是可獲得海量的免費經濟指標資訊，這種情況是不常發生的，因為，客戶和生產商之間存在著資訊不對稱。

　　在軟體開發領域，有兩個比較通用的定價模式—它們之間有很多不同之處：

（A）時間和材料計費模式

　　在這種商業定價模式中，客戶所付價格以其軟體開發團隊在專案上所花費的工作量計算，人員單價已經經過協商且覆蓋整個開發生命週期。這表示，儘管供應商可能已經提前分配好預算，但是沒有在合約中限定供應商在某個預算內、某個時間點內、以某種品質交付哪些軟體功能，此

時供應商必須遵循最佳實踐方法，而不是未知的預算。在這種情況下，是由客戶來承擔預算相關風險。因此，為超預算做準備完全是客戶的責任：客戶基本上是在承擔全部的商業風險。

（B）固定價格合約

在這種商業定價模式中，供應商受到法律上的限制，需在具體的預算、時間點和品質上交付所有功能。在這種模式下，供應商承擔了所有風險，這些風險也相應地包含在合約中，並在合約中根據雙方認可的價格預先支付高額應變資金以處理相關風險。在這種情況下，客戶以成本為代價，理論上已將所有風險轉移到供應商身上。

倘若，客戶和生產商之間的經濟利益能夠取得良好的平衡，就可以有效地管理這兩種模式中的風險，但事實上，這種情況在軟體開發領域並不常見。

1.9 總結：估算過程、角色和職責

在預算過程的早期，**精確地**估算出一個固定的工作量預算和固定的工期，從工程化的角度來說是不可行的。

- 軟體生產力模型的輸入還遠遠達不到可靠的程度，並且可能在整個專案生命週期中有很大的變化。
- 可用的生產力模型，是由已完成的專案資料建立的，只包含很少的自變數，複雜度不夠，因而沒有很強的說服力。
- 大部分的軟體組織在大多數情況下，並沒有建立起一個良好結構的回饋迴路來改進估算過程的基礎。
- 軟體技術本身不斷演變，導致作為生產力模型基礎的一些歷史資料不合時宜而被淘汰。

儘管存在以上這些問題：

- 很多使用者仍然堅持以一個確定的成本來給軟體專案定價，並保證按時按預算完成專案；
- 很多專案經理也承諾能夠在一個固定成本下完成軟體專案，並保證按時按預算完成！

這顯示出，在估算過程以外存在一個商業估算過程，並且明顯有別於工程化估算過程。

在進行商業決策時，必須考慮商業目標、實務做法和公司方針。

- 因此，基於工程化的估算值和基於商業考量的估算值，常常是存在顯著差異的。

從公司的角度考慮，應該分別識別與管理以下兩種估算類型：

- 工程化估算；
- 商業估算。

這有助於釐清決策職責，並且隨著時間的推移，加速改善整個估算過程。

從工程化的角度考慮，軟體估算過程：

- 不應該替代商業估算過程；

但是…

- 應該盡力為決策者提供專業的工程化建議，包括專案成本估算、專案不確定性和專案風險。

本章介紹了建立一個**可靠且經得起查核**的估算過程策略所應該包含的組件。

★ 關鍵經驗教訓總結

本章討論了估算過程的目標不應該只是提供一個難以解讀的單點值，而是應該提供：

- 估算結果區間資訊；
- 回饋這些資訊是否有用；
- 估算過程輸入資訊的限制條件；
- 估算過程輸出資訊的限制條件；
- 在估算過程中，透過記錄輸入資訊及其使用情況的假設，分析和緩解風險。

再次強調，不要對估算過程抱有不切實際的期望，同時也要瞭解估算過程包含以下兩點：

- 工程化角度的技術職責（資訊的提供是根據一個嚴謹的過程）；
- 對單一專案估算結果（來自於生產力模型提供的一系列資訊，以及應用於某一個具體專案的背景資訊）進行決策的管理職責。

1. 如果你沒有關於軟體專案交付效能方面的組織級量化資料，是否能期望以後的專案做出合理的估算？請闡述你的答案。

2. 軟體估算的兩個主要方法是什麼？它們的區別是什麼？

3. 請描述幾個在估算過程**輸入**方面的**最差實務**。

4. 請描述幾個在估算過程**輸入**方面的**最佳實務**。

5. 請描述在處理估算過程的**輸出**方面有哪些**不好的**做法。

6. 業界調查顯示，軟體專案在達成其預算和交付期方面的表現如何？

7. 「生產力模型」和「估算過程」的區別是什麼？

8. 如果一個生產力模型的準確度是已知的，那麼將其應用於**估算**中的預期準確度是多少？

9. 如何設計一個生產力模型？

10. 如何評價一個生產力模型的效能？

11. 量化生產力模型的好處有哪些？

12. 在估算中，如何處理那些沒有包含在生產力模型中的**成本動因**？

13. 在估算中，如何處理那些沒有包含在生產力模型中的**風險因素**？

14. 一個組織在使用**生產力模型**進行**估算**時，要如何將**潛在的範疇變化**考慮在內？

15. 請闡述提供專案估算與決定專案預算的主要區別，以及估算中的角色和職責。

16. 估算的主要特徵是什麼？考慮到這些特徵，當組織希望你提供一個準確的估算時，你能交出什麼？在這種情況下，為你的主管提供一個更好的「準確度」定義。

17. 當經理從估算區間中選擇了一個值作為專案預算，他應該同時做出哪些其他決策？

18. 在**估算過程**中，組織如何將**實際範疇變化**考慮在內？

19. 為什麼組織不但需要有一般估算模型，還需要有重新估算模型？

1. 請寫出你所在組織的估算過程。

2. 將你們的專案效能與業界調查結果相比較，比如 Standish Group Chaos 報告中描述的專案。

3. 將你所在組織的估算過程與圖 1.2、圖 1.15 相比較，指出哪些是你所在組織的估算流程需要優先改進的地方。

4. 為組織軟體估算過程的前三項改進事項制定行動計畫。

5. 找到一個**文獻記載**的估算模型，並將其與圖 1.15 的估算過程相比較，評價其相似點和不同點，並指出所分析的生產力模型之強項和弱項。

6. 找到一個**供應商使用**的估算模型，並將其與圖 1.15 中的估算過程相比較，評價其相似點和不同點，並指出所分析的生產力模型之強項和弱項。

7. 找到一個**網路上免費的估算模型**，並將其與圖 1.15 中的估算過程相比較，評價其相似點和不同點，並指出所分析的生產力模型的強項和弱項。

包含多個經驗判斷成本動因的模型，通常
被描繪為「感覺良好」的模型。

CHAPTER 02

理解軟體過程效能所需的工程和經濟學概念

學習目標

模擬生產過程的開發過程

簡單的量化模型

介紹軟體模型涉及的經濟學概念，

如固定成本和變動成本、規模經濟和規模不經濟

2.1 生產（開發）過程概述

對於一個開發過程來說，如果其現在和過去的效能以及效能偏差情況都是未知的，怎麼能估算出它未來的效能呢？

本章將從經濟學的角度深入探討以下問題：

- 如何理解一個開發過程的效能？
- 怎樣對開發過程建立量化模型？

一個開發過程可以按照生產過程的形式建模。此一過程可以粗略地分解為以下主要組件（見圖 2.1）：

- 訂單處理（在軟體中即為需求集）
- 輸入
- 過程活動
- 輸出（交付的產品）

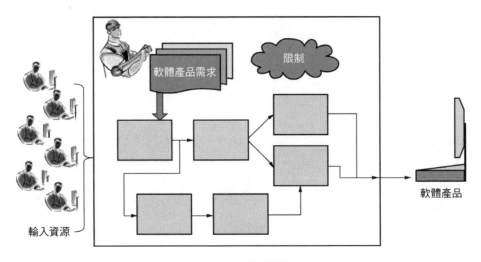

○ 圖 2.1 一個生產過程

（A）工業中一個**流程訂單**（**process order**）的例子可以是一家汽車廠商生產 100 輛汽車一這些汽車是完全相同的，或者僅有細微的差別；以建造房屋為例，流程訂單可能包含了建造一棟房子所需的精確建築細節和工程計畫；那麼，對軟體來說，流程訂單就相當於待開發軟體產品的一組需求描述。

（B）對一個開發過程來說，其**輸入**（**input**）主要是對軟體的人力資源投入：那些參與開發專案的團隊成員，他們執行整個過程中所有的子過程任務。這些輸入一般是用工時（或人天、人週、人月）來測量。

（C）開發軟體的一系列**活動**（**activity**），一般是根據專案經理選擇的開發方法（從瀑布模式到敏捷方法）進行安排。這些活動由開發人員完成，從而將需求轉化為軟體產品。在這樣的背景下，對於生產過程的每個活動都有一定的控制，使其滿足整個生產過程乃至每一個活動的預期。這包括一組描述預期產品及其特性的需求，以及與產品或過程有關的限制，即專案優先順序要求（成本、品質和交付日期）。

（D）軟體開發過程的**輸出**（**output**）是可執行的軟體，其功能應該滿足（軟體產品）所描述的需求。

本章由以下小節內容組成：

- 2.2 節介紹生產過程的工程（與管理）觀點。
- 2.3 節介紹一些簡單的量化模型過程。
- 2.4 節介紹一些使用經濟學概念的量化模型，例如固定成本與變動成本、規模經濟與規模不經濟。
- 2.5 節討論軟體工程化資料集的一些特徵以及它們的資料分配。
- 2.6 節強調生產力模型中的外顯變數和隱含變數。
- 2.7 節探討應用同一組資料集產生多個經濟模型的可能性。

2.2 生產過程的工程（和管理）觀點

從工程角度來說，生產過程更為複雜，並且也需要有「監督和控制」流程，如圖 2.2 所示。

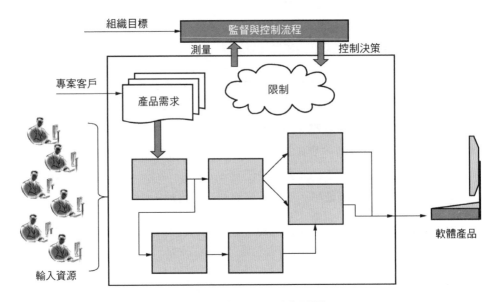

○ 圖 2.2 生產過程—工程和管理觀點

此監督和控制流程必須包含以下內容：

- 對當前和歷史生產過程效能相關測量資料的收集。
- 對照專案目標和組織目標進行過程效能分析。
- 決策回饋機制，即運用多種估算和決策模型進行不斷地調整（主要是透過對過程活動的變更來改變生產過程效能）。

專案目標和**組織目標**是有顯著區別的。

專案目標是限定在手中專案上的具體目標。

這些目標可能包括根據專案範疇內識別出的優先順序來交付，通常並不考慮除專案工期外的其他組織限制。每個專案都有預估結束日期，當專案完成時，整個開發團隊就會解散：每個專案都有結案時間。

一般來說，專案目標[1] 通常是多個且同時進行的，例如，就交付來說，需要：

- 一系列軟體功能；
- 在一個特定的時間範圍內交付；
- 在一個特定的（有限的）預算內交付；
- 以一定的品質（不一定明確定義）交付。

在資源有限的經濟環境中，常常假設軟體專案目標能以非常不切實際的最佳表現達成（基本上是以非常樂觀的角度看待過程效能能力）。這些目標不可能立刻全部達成。

那麼就必須明確定義優先順序：

- 哪些是首要目標且必須被滿足的；
- 相反地，當面臨妥協時，哪些目標是可以被忽略的。

組織目標[1] 不受專案目標的限制。組織目標通常是長遠考慮，且範圍更廣。

- 組織目標一般關注的是超越專案本身的問題，比如開發的軟體經過多年維護後，交付品質的影響。
- 同樣地，組織目標對專案的要求是，專案要遵守組織標準。儘管對當前專案來說這可能不是最理想的標準，但是當所有人都嚴格遵守時，這些標準會對下列事項有所助益，比如：
  - ▸ 專案間的人員流動；
  - ▸ 應用同一標準進行開發的專案組合的維護。

同樣地，在評價組織目標的達成情況時，進行專案效能的對比很重要，不論這些專案是否使用相似的技術和開發環境：

1　註：在敏捷方法中，目標是指衝刺目標。

- 可以在組織層級使用這類資料進行高效或低效的因素分析，同時進行原因調查、提出補救措施並制定改進計畫。改進計畫的實施週期可能比大部分專案的生命週期來得更長。

最後，組織所收集到的每個專案資訊，可供外部基準對比使用，並用於建立和改進生產力模型。

✦ **專案優先順序：一種平衡行為**

當最高優先順序是交付所有功能時，那麼，在實務做法上，專案可能需要推遲交付日期並增加額外預算。

當最高優先順序是交付日期時（滿足交付日期為首要條件），專案可能需要減少交付的功能數量，以及對所需達成的品質進行妥協。

2.3 簡單的量化過程模型

2.3.1 生產力比率

在經濟學及工程領域中，**生產力**（**productivity**）和**單位成本**（**unit cost**）是兩個不同但是彼此相關的概念。

- **生產力** 一般的定義為一個過程的輸出與其輸入的比率。

$$生產力比率 = \frac{輸出}{輸入}$$

經濟學研究中，輸出的測量資料應該跟生產出的產品相關，而與交付的產品或服務所使用的技術無關。

- 對於一家汽車製造工廠：
  - ▸ 研究生產力的輸出可能會用來測量每種類型的車輛數目；
  - ▸ 而該汽車廠使用鋼鐵的數量、玻璃纖維的數量等不會被用作生產力研究！
- 對於軟體組織（見圖 2.3）：
  - ▸ 從用戶的角度考慮，測量交付給使用者的產品或服務才是生產力研究所需要的。
    - ▪ 在軟體中，如果開發過程的輸出測量是交付功能的數量（或任何此類測量，建議參考軟體測量國際標準），生產力比率則表述為交付功能的數量除以工作的時數。
    - ▪ 注意：這種類型的測量對生產力測量和分析是有意義的，因為它們是根據軟體的需求（軟體所需的功能）來測量已經交付的功能。

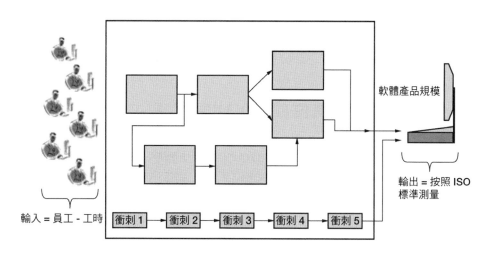

△ 圖 2.3 生產力比率

原始碼行數（source lines of code, SLOC）並不是生產力研究的最佳測量方法，因為其高度依賴於程式語言以及很多其他因素，像是程式設計師的風格和標準。

SLOC 在使用單一程式語言開發專案的組織中是有用的，但在混合使用多種程式語言的軟體專案中幫助較少。

範例 2.1

軟體開發組織 A，基於網頁開發的專案平均生產力是 30 功能點 / 人月（function points per person-month），而軟體組織 B 同類專案的生產力是 33 功能點 / 人月。

兩個組織的輸入和輸出變數使用同樣的測量單位，而它們在同一應用領域的生產力有 10% 的差別。這一差別說明組織 B 比組織 A 的生產能力高 10%，但這並不是差異的原因；引起這種差異的原因通常為生產力比率公式外的其他因素。

生產力比率透過兩個外顯變數（explicit variable）—即輸入和輸出—將過程效能量化表達，但對於過程本身或所開發的產品，該公式不包括任何文字說明資訊或量化說明資訊。也就是說，流程只是隱含在這個比率公式中。

生產力比率之間的對比是有意義的，因為它不依賴產品開發所使用的技術和其他資源。

2.3.2
單位工作量（或單位成本）比率

單位工作量（unit effort）一般定義為生產力比率的反比，即輸入除以輸出。

$$單位工作量 = \frac{輸入}{輸出}$$

範例 2.2

接範例 2.1，如果 1 人月有 210 工時（h），對於基於網頁開發的軟體組織 A 來說，每月 30 個功能點（functional point, FP）對應的單位工作量是 210 小時 /30 功能點，也就是 7h/FP 的單位工作量。對於另一個從事銀行轉帳功能的軟體開發組織來說，每月 10 個功能點，210 工時的單位工作量是 210 小時 /10 功能點，也就是 21h/FP 的單位工作量。

單位工作量比率經常用於文獻研究和基準研究中。在國際軟體基準標準組織 ISBSG（www.isbsg.org）的定義中，單位工作量比率也被稱為「專案交付率」（project delivery rate, PDR），參見第 8 章。

✦ 軟體開發中的生產力和效率

亨利和查理斯在 60 小時內，各自編寫了三個同樣功能的函數，其規模為 10 個功能點。亨利寫了 600SLOC（原始程式碼行數），而查理斯寫了 900SLOC，他們使用同一種程式語言。

生產力：亨利和查理斯的生產力都是在 60 工時內完成 10 功能點（或每 6 小時完成 1 個功能點）。因此，他們的單位工作量（生產力比率的反比）是 6h/FP。

效率：對於同一組功能，亨利用了 **600SLOC**，他的效率比查理斯（用了 **900SLOC**）高。在使用同一種程式語言把需求轉化為 SLOC 的情況下：亨利的效率是 60SLOC/FP，而查理斯的效率是 90SLOC/FP。

因此，在將需求轉化為 SLOC 方面，儘管他們的生產力相同並且有相同的單位工作量比率，但亨利比查理斯的效率更高。

這個例子只是展示了在專案生命週期內的短期效率，而不是跨越到維護週期的長期效率：如果某個功能用了過度簡化的程式碼行數實現，其維護工作可能極其困難，使得長期效率降低。

重要發現如下：

（1）SLOC 可以量化表示某項技術是如何完成的，而不能表示使用某項技術產出了什麼。因此，SLOC 不足以作為生產力計算和研究的測量單位，但是，在使用同一技術的前提下，SLOC 可以作為效率研究的測量單位；若使用不同的技術，SLOC 則可以作為效率對比的測量單位。

（2）交付的軟體功能的測量單位可以量化給用戶交付了什麼。並且，這些測量單位與軟體開發過程的輸出相對應，因此可以形成一個完善的概念，用於生產力的測量和分析。軟體功能測量的國際標準有助於我們在不同的開發背景和環境間進行生產力比率的比較和分析。

✪ 效率（efficiency）和效能（performance）

效率與效能是不一樣的，後者是一個更廣泛的概念。效率指的是用更少的資源或更低的成本生產某樣產品。

舉例來說，一家汽車製造商可能比其競爭對手生產一輛汽車的效率更高，但是也許在市場銷售情況不樂觀：它的汽車對購買者來說比較沒有吸引力，人們更喜歡其競爭對手的汽車，即使對方的價格更高。同樣，一家汽車製造商可能效率不高，但在汽車銷售方面成績卻有成效，因此儘管其單位成本最高，但可能獲得更多的利潤。

在軟體領域，判斷兩個程式設計師的表現或是兩個軟體組織的效能時，程式碼可讀性、可維護性、易測試性、交付產品缺陷密度、記憶體使用率等都是需要考慮的重要因素。

2.3.3
平均值

本節將介紹一個用一組歷史專案的平均生產力（average productivity）建立的生產力模型。

求平均值（average）是大家熟知的一個數學方法，有其相應的特性（以及侷限性）。平均生產力的建立過程如下：

- 計算每個專案的生產力比率；
- 所有專案的生產力比率相加；
- 除以樣本專案總數。

注意：這個平均值描述的是所有樣本，而不是樣本中的某些專案。

除此之外，在求得平均值的同時，可以獲得以下有關的特徵值：

- 最小值（minimum）
- 最大值（maximum）
- 第 1 四分位數（first quartile），第 3 四分位數（last quartile）
- 一個標準差（standard deviation）
- 兩個標準差；以此類推
- 偏度（skewness）
- 峰度（kurtosis）
- 其他統計量

用平均生產力建立的生產力模型見圖 2.4，其平均值、四分位數、最小值、最大值在圖中構成一個盒形圖：樣本的平均值即是圖中灰盒子內的那條水平線 [2]；最大值和最小值分別在四分位數以外。

2　譯註：此處是箱盒形圖的另一種畫法，即採用平均值作為箱子的中間線，而非中位數，和通常的畫法有所不同。

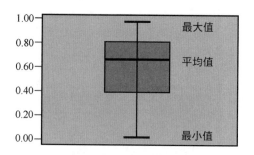

◔ 圖 2.4 盒形圖 [3]：平均值和四分位數

標準差（σ，讀作西格瑪）代表與平均值的偏差（variation）有多大，或者叫作離散程度（dispersion）：標準差很低意味著資料點與平均值距離很近，而標準差高則意味著資料點分布在一個很大的範圍內。圖 2.5 展示了常態分布或高斯分布（normal / Gaussian distrubution）的標準差對應的資料集。

1. $\sigma = 68.27\%$ 代表 68.27% 的資料點在平均值正負 1σ 的區間內 [3]。

2. $\sigma = 95.45\%$ 代表 95.45% 的資料點在平均值正負 2σ 的區間內 [3]。

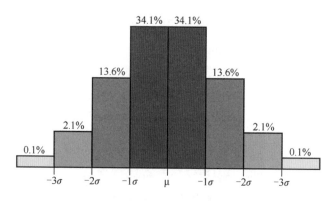

◔ 圖 2.5 常態分布及其標準差

3　譯註：此處和原著作者 Alain 做了討論，修訂了原文中的數字。

軟體工程行業中，一組資料的分布不一定是常態的，有時甚至經常相差很遠。相對於常態分布的偏離程度一般定義為偏度和峰度。

偏度測量了隨機變數機率分布的不對稱性，是一個實數。它可能是正數，也可能是負數，如圖 2.6 所示。

- 偏度為負，代表機率密度函數（probability density function）**左邊的尾巴比右邊長**，大部分值（包括中位數）位於平均值右側。
- 偏度為正，代表機率密度函數**右邊的尾巴比左邊長**，大部分值位於平均值左側。
- 偏度為零，代表數值相對平衡地分布在平均值兩側，一般（但不一定）意味著是一個對稱分布。

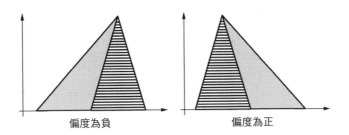

△ **圖 2.6** 相對於常態分布的偏度

峰度是對分布「尖度」的描述，如圖 2.7 所示：與偏度類似，峰度也是對機率分布形狀的描述。在圖 2.7 中，**兩個曲線**分布的平均值相同，但是：

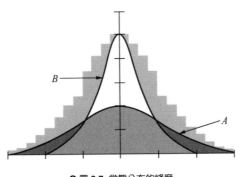

△ **圖 2.7** 常態分布的峰度

- B 曲線有一個很高的尖頂，即較高的峰度，並且其位於 1σ 區間內的資料點都離平均值很近。
- 而 A 曲線與 B 曲線平均值相同但尖頂比較低，即峰度較低，而其位於 1σ 區間內的資料點都離平均值較遠。

綜上所述，用平均值建立的生產力模型較為適用，但是有限制條件：它的資料分布是常態的，並且在偏度受限、峰度較高的情況下，如圖 2.7 所示。在其他情況下，當用作估算用途時，因為估算誤差的範圍可能會很大，因此平均值可能會誤導我們。

2.3.4
線性和非線性模型

圖 2.8 所示的是一個非線性模型。如何從一組專案資料中得到一個線性模型呢？我們應該使用什麼統計技術呢？

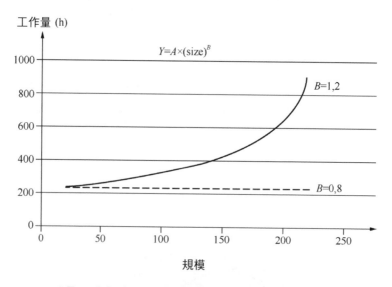

△ 圖 2.8 指數大於 1（實線）或者指數小於 1（虛線）的冪函數模型

有一種技術叫作統計線性迴歸（statistical linear regression，可參考任一本有關於迴歸技術內容的統計學書籍）。在統計學軟體中，輸入一組資料點，通過多次迭代能夠計算出一個最能描述這組資料的迴歸公式（當設置為線性迴歸時，輸出的是一條直線）。

- 公式生成的過程是計算每個資料點與這條線的距離，將所有資料點的距離相加，並經過多次迭代計算，找到使距離總和最小的那條線。

最小平方迴歸法（least-squares regression method）是得到迴歸公式的典型方法，因其相對簡單且能生成較為適用的公式。

- 這個方法就是找到 a 值和 b 值，使得每個資料點的實際值與估算值之間的距離平方和最小。

在文獻中還有很多其他類型的迴歸模型，比如指數模型（exponential model）和二次模型（quadratic model）。

當然，一個生產力模型不一定必須是線性的：由於生產過程不同，其模型可能表現為任何形狀。目前的統計技術可以建立各種形狀的生產模型。

舉例來說，一個冪函數模型（power model），公式如下：

$$Y（工作量）= A \times （規模）^B$$

圖 2.8 是兩個指數模型：一個模型的指數大於 1，另一個模型的指數小於 1。

- 注意：當指數等於 1 時，它表示為一條「直線」的模型，即線性模型。

當然，也有其他更複雜形狀的模型，像是二次模型，如圖 2.9 所示：

- $Y = A + BX + CX^2$

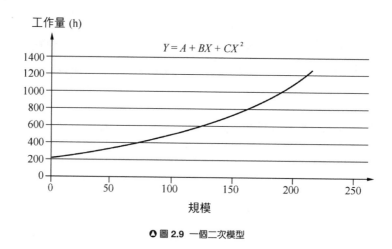

工作量 (h)

$Y = A + BX + CX^2$

規模

⚫ 圖 2.9 一個二次模型

　　甚至可能有隨著規模的增加、總成本減少的模型。在這樣的案例裡，模型的斜率是負的，如圖 2.10 所示。

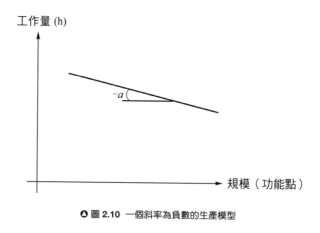

工作量 (h)

$-a$

規模（功能點）

⚫ 圖 2.10 一個斜率為負數的生產模型

● 這在實務中是很反常的，一旦發現這樣的模型，實務人員應該檢驗用於建模的資料品質，如下所示。

> ✈ *模型中帶有負數 = 警告*
>
> 　　不管模型中的負數是常數還是斜率，都相當於給實務人員和研究者亮了紅燈。在這種情況下，應該仔細檢查資料集，以驗證量化資料的品質，同時注意是否存在明顯的離群值（outlier）。
>
> 　　實務人員應注意不要使用模型的負數區域—因為這個區域的估算值沒有意義。
>
> 　　同樣，實務人員也不應該使用模型中超出建模資料範圍的區域，因為這些區域沒有資料支援。

2.4 量化模型和經濟學概念

2.4.1
固定成本和變動成本

圖 2.11 所示的一個簡單模型，一般代表歷史專案的效能：

- x 軸是每個已完成軟體專案的功能規模；
- y 軸是交付每個軟體專案所需的工時。

可以看到，圖 2.11 上的資料點代表已完成專案所交付的功能規模對應花費的時間（小時）[4]。

4　原註：或任何工時單位，如人天、人月、人年。

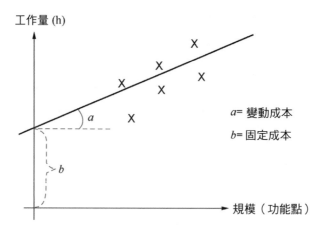

⬥ 圖 2.11 為包含固定成本和變動成本的生產模型

（Abran 和 Gallego [2009]，經 Knowledge Systems Institute Graduate School 許可後引用）

關於生產過程效能的量化模型，通常是根據已完成專案的資料來建立的，也就是說，此時：

- 一個專案的所有資訊都是已知的；
- 不論是輸入還是輸出都不存在不確定因素，所有軟體功能都已交付；
- 專案花費的所有工時都被精確記錄在報工系統中。

圖 2.11 中的斜線是表示生產過程的量化模型。在生產過程中，通常有兩種主要的成本類型使得輸出分成兩部分。

- **變動成本（variable cost）**：所花費資源的一部分（輸入），變動成本直接依賴於生產多少輸出物。
  - ▸ 圖 2.11[5] 中，變動成本對應線性模型的斜率，即斜率 =a（表示為 h/FP）。
- **固定成本（nonvariable cost）**：所花費資源的一部分（輸入），固定成本不依賴於生產多少輸出物。
  - ▸ 圖 2.11[5] 中，固定成本對應為 b（多少小時），代表當橫軸的規模 =0 時，量化模型與縱軸的交叉點。

5　編註：原文誤植為圖 2.8，故予此更正。

★ 軟體專案中固定成本的例子

　　獨立於專案規模，軟體組織的運營制度中會強制要求的一些內部交付物（專案管理計畫、變更管理流程、品質控制、審計等）。

　　在一個典型的生產過程中，這些交付物大部分會被認為是執行專案的固定成本。同樣對於一個軟體專案，專案管理計畫不依賴於所交付軟體的功能規模變化。

線性模型是對工作量和規模之間關係的刻畫，其公式如下：

$$Y（工作量，以小時為單位）= f(x) = a \times 規模 + b$$

其中，

- 規模 = 功能點數（FP）；
- a = 變動成本 = 每功能點的工時數（小時 / 工能點，h/FP）；
- b = 固定成本，以小時為單位。

根據以上參數的單位，這個公式為：

$$Y（小時）=（小時 / 功能點）\times 功能點 + 小時 = 小時$$

基於圖中歷史專案效能給出一條斜線，代表此生產過程的效能：

- 固定成本：當 x（規模）= 0 時的 b 值。
  - ▸ 例如，如果 y 軸的 b=100 小時，那麼這 100 小時代表生產過程的固定

成本（在這個組織中，根據運營制度，需要 100 小時的專案工作量來管理這個專案，且這個值不依賴專案將要開發的功能規模大小）。

- **變動成本**：直線的斜率代表變動成本，也就是每生產一個單位的輸出（自變數 x）所需的依變數 y（工時）的數量。

圖 2.12 和圖 2.13 展示了另外兩種生產過程：

- 圖 2.12 是不含有固定成本的生產過程。在這種情況下，生產線從零開始，即當規模 $x=0$ 時，工作量 $y=0$。
- 圖 2.13 顯示的是生產過程，其 y 軸的初始值（例如 $x=0$）是負數，也就是說工時在初始的時候是負數（$-b$）。當然，現實中並不存在負的工時。

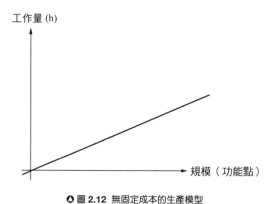

● 圖 2.12 無固定成本的生產模型

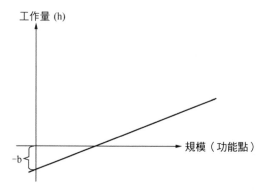

● 圖 2.13 固定成本（理論上）為負的生產模型

這種情況可以用統計數學模型表達出來，但是實務人員如果用業界資料建出了這種初始常數為負的模型，使用時要特別小心！

● 這並不意味著模型不可用，而是不一定適用所有規模範圍，也不能用於小型軟體專案。

✎ *帶有負數常數的線性迴歸模型*

　▪ 對於規模小於線性模型所覆蓋的橫軸範圍的專案，這種模型沒有意義。

　▪ 對於規模大於模型起始點的專案，模型是有意義的（算出的工時是正的）。

　▪ 當然，對專案規模接近模型正負交叉點的專案，解讀要格外小心。

實務相關做法建議如下：

（1）識別出模型所覆蓋的橫軸規模範圍。

（2）將數據分成兩組。

　　B1：專案規模從 0 到與橫軸交叉點的規模閾值（臨界值）。

　　B2：規模大於這個閾值的專案。

（3）對每組資料個別建立模型（B1，規模小於閾值的專案；B2，規模大於閾值的專案）。

（4）估算時，依據所要估算的專案規模，選擇模型 B1 或 B2。

2.4.2
規模經濟和規模不經濟

在生產過程中，可能存在以下情況：

‣ 每增加一個單位的輸出，需要增加**剛好**一個單位的輸入；

‣ 每增加一個單位的輸出，需要增加**小於**一個單位的輸入；

‣ 每增加一個單位的輸出，需要增加**大於**一個單位的輸入。

規模經濟（economies of scale）

當增加單位輸出所需的單位輸入增加較小時，此一生產過程稱為規模經濟型，參考圖 2.14 中的直線 A 與直線 C 比較。

● 輸出增加相同的量時，直線 A 代表的生產過程增加的工作量（y 軸）要明顯少於直線 B 或 C 代表的生產過程增加的工作量。

規模不經濟（diseconomies of scale）

相反地，當增加單位輸出所需的單位輸入增加較大時，此生產過程被稱為規模不經濟型：

● 每增加一個單位的產出，生產過程的效率就更低一些，如圖 2.14 所示的直線 C。

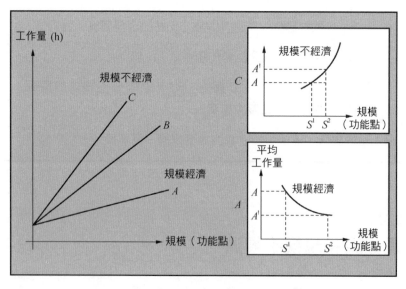

◊ 圖 2.14 規模經濟（直線 A）和規模不經濟（直線 C）

覆蓋整個規模範圍，輸出呈相似增長的生產過程如圖 2.14 的直線 *B* 所示。

關於規模經濟和規模不經濟，也可參見 Abran 和 Gallego（2009）。

負斜率

在這種圖形中，*x* 軸是規模、*y* 軸是工作量（或工期），負斜率表明，大規模的專案與小專案相比，過程總投入反而減少了（這裡是工作量或工期）。當然，這種情況在經濟學中沒有實際場景能夠解釋清楚。如果發現此情況，建議檢查是否是資料收集的問題。

2.5 軟體工程資料集及其分布

本節將討論在各種軟體工程文獻中以及各個領域公開資料庫中記載的資料分布的不同類型。

2.5.1 楔形資料集

圖 2.15 所示的專案分布經常出現在軟體工程文獻中。我們可以看到，隨著 *x* 軸規模的增加，*y* 軸的資料點相應地呈擴散性增加。

- 對於類似規模的專案，當專案規模增加時，*y* 軸工作量偏差的範圍也跟著擴大。

這類圖形經常被稱為楔形資料集（wedge-shaped dataset）。

- Kitchenham 和 Taylor [1984] 首次發現楔形資料集，在大型測量資料儲存庫中，它是眾多資料中子集合比較典型的分布（比如在 Abran et al. 2007 中所述）。

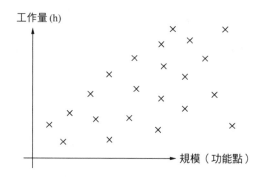

工作量(h)

規模（功能點）

　　這種情況（規模增加時，工作量呈擴散形增加）說明在這些資料集中，當所有專案匯整為一個時，單靠規模不能充分說明與工作量的關係，所以需要其他自變數的加入。

　　這種在軟體生產力方面擴大的分散形態一般是由以下單個原因或多種混合原因引起的：

- 專案資料來自多個組織的不同生產過程，相應地其生產力行為也大不相同。
- 專案資料代表的軟體產品開發活動有著很大差異，包括軟體產品領域、非功能需求以及其他特徵。
- 開發過程不受控，生產力效能幾乎不可預測（例如，處於 CMMI® 模型 1 級混沌型開發的專案，其生產力會有很大偏差）。
- 組織內部的資料收集是事後進行的，缺乏一個完備的測量計畫。臨時就地定義的測量，很容易在資料整合過程中被歪曲，進而可能導致資料發生很大偏差。

2.5.2
同質化資料集

　　另一種專案分布類型如圖 2.16 所示。圖中工作量的分散程度與規模的增加是高度一致的。這通常稱為同質化資料集（homogeneous dataset），在這

種情況下，軟體規模的增加能夠充分地解釋工作量方面的增加。這種軟體專案資料分布在文獻中也有過記載，例如，Abran 和 Robillard（1996）、Abran et al.（2007）、Stern（2009）、Lind 和 Heldal（2008，2010）。在這樣的分布中，80% ～ 90% 的工作量增加的情況都能用功能規模的增加解釋，剩餘的 10% ～ 20% 則由其他因素引起。

在這些資料集中，資料點間距更小，並且規模的增加使得工作量保持一致的增加，與楔形資料集相比，其工作量的增加保持在相同的範圍內，卻沒有呈現出典型的楔形資料集模式（當規模增加時）。

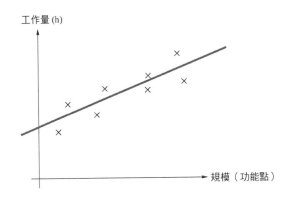

⭘ 圖 2.16 軟體工程中同質化資料集的規模與工作量模型

- 對於待研究的自變數和依變數，這樣的資料集為同質化資料集。

這種在專案生產力方面的低離散形態一般是由以下單個原因或多種混合原因引起的：

- 專案資料來自於單一的組織，其開發制度落實得較好。
- 專案資料顯示軟體產品開發具有非常相似的特徵，包括軟體產品領域、非功能需求以及其他特徵。
- 開發過程是受控的，生產力效能可預測（例如，處於 CMMI® 模型 4 或 5 級的專案開發，其過程偏差很小）。
- 組織內的資料收集是基於一個合理的、流程化的測量計畫，所有專案成員都採用標準的測量定義，資料整合水準很高。

注意，在圖 2.17 和圖 2.18 中展示的兩個案例有以下兩個共同特徵：

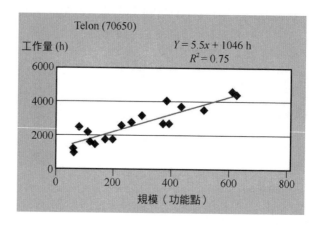

▸ 它們都代表某個組織的資料。
▸ 兩個組織都有專業的軟體開發技術，並遵從一致的開發方式和基本一致的開發環境。

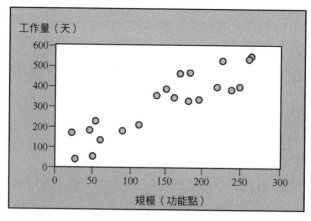

◔ 圖 2.18 21 個專案資料構成的同質化資料集

2.6 生產力模型：外顯變數和隱含變數

以二維方式表達的線性生產力模型（可能是一條直線或者指數曲線），不管是以圖 2.8 ～圖 2.16 的圖形形式，還是以單一自變數方程式呈現，都是只對兩個外顯變數（explicit variable）建模：

- 輸出（規模），作為自變數；
- 輸入（工作量），作為依變數。

在使用和解讀這類模型時，經常忽略還有一個潛在的、非常重要的、隱含的維度，就是過程本身。

過程由多個變數組成且受它們影響，每個變數都可能對開發過程的生產力造成影響。

📌 **過程中隱含變數（implicit variable）的例子**

- 團隊經驗
- 專案經理經驗
- 軟體工程發展環境平台
- 設計方法
- 品質控制手段

- 只有一個自變數的模型（橫軸是功能規模），沒有考慮以上這些隱含變數。
- 但是，在實務做法中，以上每一個變數都會對開發的每個功能的單位成本造成影響，並且有理由相信每個變數都對依變數（工作量）造成一定範圍的影響。
- 將這些變數以及它們各自的影響匯總起來，便可以解釋生產模型中不能被功能規模（自變數）解釋的那部分偏差。

然而，如果在一組專案樣本中，大部分變數都是相似的，那麼它們對單位成本的影響就很小：

- 在這樣的資料集中，我們可以合理地認為功能規模將是影響規模的主要自變數。

下面透過兩個例子進一步解釋該情況，如圖 2.17 和圖 2.18 所示。

範例 2.3

圖 2.17[6] 所使用的相對同質化資料集，這些資料來自同一個組織的多個專案，這些專案是在二十世紀 90 年代末期使用 TELON 平台開發的應用。所有專案都遵循一套完善的開發和專案管理流程，由同一個團隊完成，且全部屬於財務系統領域。在這組資料中，只用規模增長便可以解釋 75% 的工作量增長。

範例 2.4

圖 2.18 中的專案來自同一個組織：
  ▸ 該組織有一套流程性範本定義其開發流程和專案管理流程，包括在專案的多個階段對需求文件、設計文件和編寫程式進行審查，是一整套全面而完善的測試程序；
  ▸ 全面覆蓋專案開發及維護活動的測量程序。
這個組織在那時候已經滿足了 CMM 模型 3 級的所有關鍵過程領域（除了一個），並且已經充分具備 5 級的實務證據。

因此，在這個組織中，開發流程被認為是可控的，且有能力進行充分的估算，以滿足在功能數量、交付期和品質水準方面的專案承諾。

此外，這些專案大多是由同一個專案經理進行管理，並且由同一組成員完成。員工流動性不高，並且員工是在同一個應用領域（銀行軟體）下，使用基本一致的軟體開發環境和開發平台。

總之，當資料來自多個組織的專案（比如 ISBSG 的資料儲存庫）時，呈現顯著差異的大部分變數通常會在當前開發環境中被固定下來（成為常數）。這種情況下，規模可以解釋依變數（也就是專案工時）中的大部分波動就不足為奇了。

6　編註：原文誤植為圖 2.12，予此更正。

當這麼多成本動因或自變數，在所有專案中沒有較明顯的區別時，便可以認為它們是常數，對專案單位成本沒有顯著影響。

- 但是，即使在這種環境中，這並不意味著規模一定是影響工作量的唯一自變數。
- 其他變數引起的微弱波動依然會產生影響，便可以解釋規模變數無法解釋的那部分偏差。

2.7 是一個通用的萬能多維度模型還是多個較簡單的模型？

★ 軟體估算的「聖杯」

　一個通用的模型，它可以在任何時間點、任何情況下，十分精確地預測任何專案。

在業界及文獻中建立軟體工程估算模型的經典方法，就是建立一個多變數的估算模型，其中盡可能包含很多成本動因（自變數）（在軟體界，俗稱它是一個「萬能」模型）。

2.7.1 根據已有資料建立的模型

估算模型的建立者通常希望從已完成的專案資料集或文獻中盡量去挖掘變數，變數愈多愈好：

- 這些成本動因是作者自己定義的；
- 這些成本動因的測量規則是作者自己定義的，對每個因素影響程度的分配也是由作者自己定義的。

這種方法，當然會導致生成具有多個變數「n」的複雜模型，然而該模型又無法在 n 維空間進行表示。在第 10 章中，我們將討論另一種建立多變數估算模型的方法。

2.7.2
根據成本動因的觀點而建立的模型

業界還有一種常見的建模方法，是根據實務人員對各種變數的理解以及每個變數對開發過程的預估影響來建立模型。這種基於觀點建模的方法，稱為「專家經驗判斷法」，通常用於組織沒有收集資料的情況。

📌 「感覺良好」的估算模型

包含多個經驗判斷成本動因的模型，通常被描繪為「感覺良好」的模型。

■ 管理者認為很多重要的成本動因已經被考慮在內了，因此他們相信已經降低了估算的風險。

但是，這些模型的品質並非有實質證據，而是透過經驗來支持的，這會導致很多不確定性。

我們真正關心的問題是：這些模型有多好用？詳見第 4 ～ 7 章，如何分析估算模型的品質。

2.7.3
規模經濟與規模不經濟共生下的模型

在本書中，我們將採取一種折衷（也有可能是更實際的）方法。

- 一個模型不可能適用於所有情況。

目前業界和實務中的研究**無法證明**一個通用的模型是實際可行的。

- 在該領域，有多種多樣的開發過程及成本動因的組合，並且根據各自的環境不同，很可能對成本造成不同程度的影響。
  ▸ 專家和研究人員都已意識到這些模型沒有太多共同點，並且大多數模型無法在其建立的背景環境之外的情況下使用。
- 文獻中的資料集也表明規模經濟和規模不經濟的經典概念同樣適用於軟體開發過程。

那麼，以上這些研究的實際意義是什麼呢？

讓我們回顧一下軟體專案中常見的楔形資料集（見圖 2.15）。當從規模經濟和規模不經濟理論的角度進行剖析時，我們看到一個楔形資料集可以被分成三組子集合進行分析，如圖 2.19 所示。

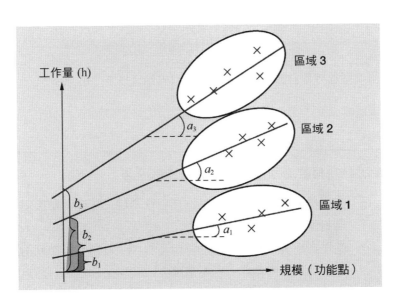

⚪ 圖 2.19 楔形資料集中代表規模經濟與規模不經濟的三組資料子集合

[Abran 和 Cuadrado 2009，經 **Knowledge Systems Institute Graduate School** 許可後引用]

- 區域 1：楔形資料集最下部，代表規模經濟效應較明顯的一組專案。
  - 對於這組資料，即使功能個數有明顯增長也不會導致工作量相對大幅度增加。
  - 在實務中，此區專案所需的開發工作量對於待開發軟體功能個數的增加幾乎不敏感。

- 區域 3：楔形資料集最上部，代表規模不經濟效應的一組專案（其功能規模作為自變數）。
  - 對於這組資料，規模方面的小幅增長將導致工作量（固定成本或變動成本，或二者同時）大幅增加。

- 區域 2：最後，可能存在第三組資料，位於楔形資料集的中間。

這可能意味著在這組資料中會有三個生產力模型：

$$f_1(x) = a_1{}^*x + b_1，對應區域 1 的資料樣本；$$

$$f_2(x) = a_2{}^*x + b_2，對應區域 2 的資料樣本；$$

$$f_3(x) = a_3{}^*x + b_3，對應區域 3 的資料樣本。$$

這三個模型都有各自的斜率（ai）和各自的固定成本（bi）。

下一步的問題是：是什麼導致這三個模型完全不同？

✎ 導致規模經濟和規模不經濟可能的原因

- 在規模不經濟效應較明顯的這組資料中，每個專案都有極高的保密要求和安全限制。
- 在規模經濟效應較明顯的這組資料中，每個專案都利用了歷史資料庫的資訊，即不需要生成和驗證新資料，而且重複使用程式碼的比例都很高，也沒有保密要求和安全限制。

當然，只通過圖形分析不可能找到答案。

- 在一個二維圖形中只有一個自變數。
  - ▸ 這一個變數無法提供與其他變數有關的資訊，也無法提供已完成專案的相似特徵或差異。

- 但是，如果回顧楔形資料集的資料模式，並且利用規模經濟和規模不經濟的概念（如本章前一節介紹）把資料分割成不同子集合，那麼；
  - ▸ 便可以把專案劃分為多組資料進行圖形分析。

下一步，需要對每組子集合資料進行分析以確定：

- ▸ 在同一組資料中，哪些特徵（或成本動因）是**類似**的？
- ▸ 在兩組（或三組）資料之間，哪些特徵是**迥然不同**的？

注意：其中一些值可以被分類（按照「**名目**」**尺度類型**來區分，比如一組專案使用了一個特定的資料庫管理系統（DBMS），另一組專案使用了另一個DBMS）。

我們可以根據不同值的特徵進行資料分組並建立參數，這些參數用於在估算的時候從三個生產力模型中做出選擇，參見第 11 章。

本章詳細探討了一些在生產過程中起關鍵作用的經濟學概念，包括固定成本、變動成本、規模經濟和規模不經濟，並結合軟體工程資料中的楔形資料集或同質化資料集，從規模與工作量的關係，詳細解釋了這些概念。

1. 透過增加軟體專案的輸入、活動及輸出，更加具體地闡述圖 2.1 的生產過程。

2. 透過增加目標、測量和行動措施，更加具體地闡述如圖 2.2 所示的評價和控制過程。

3. 舉例說明哪些組織目標看起來與專案目標矛盾。討論一下當出現這種情況時，專案經理應該採取什麼措施。

4. SoftA 為一個軟體發展子公司，該公司的平均生產力是 30 個功能點 / 人月（基於網頁的開發）；而另一個子公司 SoftB 的生產力是 10 功能點 / 人月（現金轉帳處理軟體的開發）。這兩個子公司使用相同的測量單位衡量它們的輸入和輸出。請比較它們在網頁開發與現金轉帳處理開發的生產力比率有何差別？

5. 基於程式碼行數計算的生產力比率有什麼問題？討論一下這個比率的優點和缺點。

6. 根據下面的表格計算亨利和查理斯的生產力比率和效率。

成員	輸出 （功能規模）	輸入 （工時 h）	LOC	生產力比率 （基於？）	效率 （基於？）
亨利	10	60	600		
查理斯	10	60	900		

7. 對於一組資料集，除了平均值，還應該觀察哪些特徵？

8. 什麼是常態分布（或高斯分布）？

9. 對於一組有明顯傾斜的資料，取其平均值用於估算是否合理？

10. 當你對一組資料的詳細資訊不瞭解時，是否應該取其平均值用於估算？

11. 如果一個冪模型的指數是 1.05，它跟一個線性模型是否有很大的不同？

12. 當一個冪模型的指數是 0.96 時，意味著什麼？

13. 如果一個線性迴歸模型的常數為負時，這個模型是錯的嗎？

14. 如果你的模型的斜率為負，意味著什麼？你該怎麼辦？

15. 如何確定一個開發過程產生了規模經濟？

16. 請用圖形表示一個規模不經濟的軟體開發過程的生產力模型。

17. 在什麼樣的成熟度等級能夠觀察到楔形資料集和同質化資料集的數據？這樣的模型對於組織來說意味著什麼？

本章作業

1. 圖 2.2 提到的評價和控制流程是針對整個專案的。然而，這樣的流程也可以在專案的各個階段實施，從可行性研究階段一直到維護階段。請描述你的組織是如何在專案的每個階段實施（或應該實施）評價和控制流程的。

2. 收集你的組織在過去一兩年中已完成的軟體專案資訊，並把資料畫在一個二維圖形上，功能規模是自變數，工作量是依變數。這組資料生成的二維圖形是什麼形狀？這個形狀說明你們的開發過程效能是什麼樣的？

3. 你參與的最近三個專案的單位成本是多少？如果你沒有這些資料，為什麼你的組織不收集這些基礎資料？

4. 在你的組織中，怎樣確定軟體專案的固定成本？

5. 你的組織使用的估算模型是一個萬能模型嗎？如果是，這個模型好用嗎？

6. 你的組織有多少資料可用於建立生產力模型？如果沒有資料，管理層不收集這些資料的理由是什麼？

7. 如果你的組織沒有現成的資料，那如何進行收集？你的組織願意花費多少代價得到這些資料？如果你的組織沒有打算做任何投入，是不是說明資料對他們沒有價值？

撥出去的錢就等於花掉了（the money
allocated is money spent, MAIMS）。

03

CHAPTER

專案情況、預算和應變計畫[7]

3.1 概述

在第 1 章提到的估算過程階段 D 中（見圖 1.9 或圖 1.15），某專案需要對其軟體開發進行預算（或定價）決策，這項決策必須來自於：

- 對該專案估算過程輸入變數的不確定性分析；
- 瞭解估算過程所使用的生產力模型的優點和侷限性；
- 員工和估算者收集到的其他背景資訊，這些資訊以調整因子和風險的形式修正生產力模型的輸出。

為了達到最佳實踐效果，需要進行兩個互補的決策：

    A. 專案層級的預算；
    B. 專案組合層級的應變資金。

（A）專案層級

在專案層級，工作量預算一般是一個單點值，專案經理及其團隊成員為該預算負責。

- 此時從候選範圍內選擇單點值已經不再是一個工程決策：
    - ‣ 它一定是一個管理決策，參見 1.7 節。

（B）專案組合層級

而在專案組合層級，需要做第二種類型的決策。儘管高層經理可能已指定專案工作量目標，但不論是高層經理還是專案經理都存在以下問題：

- 不能在預算選定的那一刻解決所有輸入資訊的不確定性；
- 不能在專案進展過程中控制所有變數；
- 不能預測專案生命週期中可能變為事實的所有風險。

7　原註：參見 Miranda, E., Abran, A. 所撰寫的《避免軟體開發專案低估》，專案管理期刊，專案管理學會，2008 年 9 月，PP.75-85。

這意味著，以目前的軟體估算和專案管理技術水準，不管是實務還是理論研究層面，都無法保證專案所選定的預算是準確的。

因為不是所有的專案限制（包括功能、交付期和品質）都會在整個專案生命週期中保持不變。目前，已經研發出多個專案管理技術來解決這些問題。

本章我們介紹了與估算相關的商業議題，如下：

- 3.2 節：不同估算目的的專案情況
- 3.3 節：估算偏低的機率與應變資金需求
- 3.4 節：專案層級的應變資金管理
- 3.5 節：專案組合層級的應變資金管理
- 3.6 節：管理權：一個敏捷背景的例子

注意：本章進階閱讀部分將會展示一個編列專案組合預算的模擬方法。

3.2 不同估算目的的專案情況

在很多情況下，專案工作量和工期都只能根據概要需求文件中的有限資訊進行估算，眾所周知，這是很不可靠的。這種情況下，估算人員能做的只有：

　　（A）確定估算值的區間範圍；
　　（B）指定每種情況發生的機率。

A. 確定估算值的區間範圍

組織識別出一個區間範圍作為專案目標，並且相信這個目標可以達成，如圖 3.1 所示。在實務上，這個區間範圍一般至少由以下三個值組成：

1. **最好的**情況：所用工作量最少。這種情況發生的機率較低。

2. **最可能的**情況：所用工作量相當多。這種情況發生的機率最大。

　　● 警告：「最可能」的意思不是說這種情況可能會有 50% 的機率發生，

它可能是很低的機率，例如 20%，而其他值發生的機率更低。

3. **最壞的**情況：所用工作量非常大。這種情況發生的機率較低。

以下展示的例子是在有生產力模型（根據歷史資料）的背景下進行的。

- 專案工作量的上下限可以透過功能規模計算出來，而規模大小在估算時是可以知道的。

估算時的預期軟體規模，比如 100 功能點（見圖 3.1）：

- 在資料庫中，相似規模的專案其工作量之最小值，對應歷史資料中的最好情況（y- 工作量軸的 $E_{最好}$）。
- 在資料庫中，相似規模的專案其工作量之最大值，對應歷史資料中的最壞情況（y- 工作量軸的 $E_{最壞}$）。
- 由數學模型（最能代表自變數每個值對應 y 值所有點的方程式）推導的工作量，將會計算出預期規模所對應的工作量（y- 工作量軸的 $E_{模型}$）。

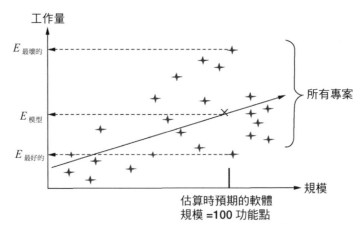

○ 圖 3.1 最好－最壞的情況

但是，這個結果不一定等同文獻中由主觀因素所認定的最可能情況。事實上，軟體行業向來有過度樂觀估算的問題，因此，所得出的數值很可能會比模型給出的估算值還要低（見圖 3.2 的 $E_{最可能}$）。

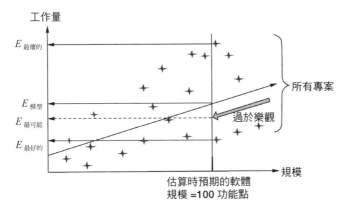

△ 圖 3.2 最可能情況與過於樂觀的估算

圖 3.3 的例子中,所交付軟體的預期功能規模也存在著另一種不確定性:也就是,軟體規模不再是一個常數,而是一個估算出來的規模範圍,此範圍有一個最大估算值和一個最小估算值。

舉例來說,圖 3.3 中功能規模範圍的最低值可能設在 -10%,而最高值可能是 +30%,因為實際上,規模下限(下限的理論最小值為 0,因為在這種情況下負數沒有實際意義)偏離的程度一般來說會比上限小(上限沒有理論最大值)。

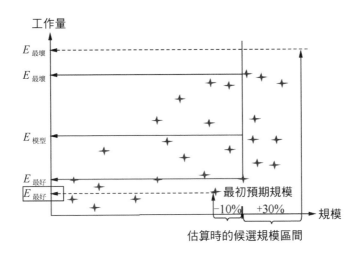

△ 圖 3.3 最好情況和最壞情況,以及規模的不確定性

- 從圖 3.3 可以明顯地看出，估算時軟體規模的不確定性增加了工作量估算值的上下限範圍，導致 $E_{最好}$ 值更低、$E_{最壞}$ 值更高。

B. 指定每種情況發生的機率

當然，並不是估算結果區間範圍內每個值發生的機率都相同。更準確地說：

- 這裡的「準確」是指實際的專案工作量（專案結束的總工作量）將會是整個區間範圍內的一個單點值。

根據定義：

- 最好情況和最壞情況發生的機率都應該非常低（在圖 3.4 中假設為 1%）；
- 最可能的情況發生的機率通常應該最高（在 圖 3.4 中，把這種情況假設為 20%）；
- 估算範圍內所有其他值的機率，應該是以最可能情況對應的最大值為起始依次降低，直到最好情況或最壞情況對應的最小值，把在圖 3.4 中呈三角形分布。
    - ▶ 選擇這個右偏的三角形分布的原因有以下三點：
    - （1）專案裡能順利進行的事情很有限，而且絕大部分都已作為因素考慮到估算裡了，而不順利的事情仍然是層出不窮。
    - （2）這個分布很簡單。
    - （3）既然「實際」分布是未知的，那麼這個分布跟其他分布一樣是合理的。

負責專案估算的軟體工程師的責任是確定每種情況的估算值，並為每種情況分配相應的機率（或者機率範圍），如圖 3.4 所示。

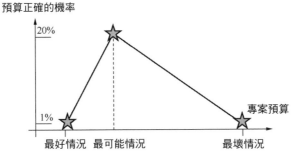

△ 圖 3.4 幾種情況的機率分布

然而，選擇一個單點值作為專案的「估算結果」，更準確地說是作為專案預算，並不是估算人員的職責。

3.3 估算偏低的機率和應變資金

不管在選擇和分配預算方面，管理階層的文化、方法或策略（以及原理）為何，通常都會導致相近的結果。

- 選擇最好情況：基本上一定會導致成本超支並想要走捷徑，因為這種情況的發生機率原本就很低 [Austin, 2001]。
- 選擇最壞情況：可能會導致競標失敗（花太多錢在一些額外的事物上但又對專案沒幫助，不夠重視應該優先處理以及具高附加價值的功能，根本上就放錯重點，工期太長，以至於容易錯失商機），而且幾乎可以肯定會超出預算 [Miranda,2003]。
- 在實務做法上，大家經常選擇最可能情況，因為感覺它最可能接近「準確」；然而，在進行軟體估算的時候，這個值通常都會偏向最樂觀情況（而不是最壞情況）。
  ▶ 團隊成員多半是樂觀主義者，儘管他們的估算大部分都是錯的！
  ▶ 很多團隊成員可能受到客戶或經理的影響，或兩者都有，而偏向於尋求一個最好的價格（也就是，專案工作量盡可能少）。

- 客觀來看,最可能情況是一個單點值及其對應的機率值。儘管它可能比其他情況的機率都高,但是其他情況加起來的機率也很可能超過它。因此:
  - 最可能情況不會發生的機率是很大的;
  - 它發生的機率只是前者的幾分之一。

估算偏少的問題如圖 3.5 所示,專案估算值在左邊,用虛線表示;未知的專案最終成本在右邊,用虛線表示。當然,在制定預算時,實際值是未知的,因此在圖 3.5 中稱之為「未知的實際成本」。

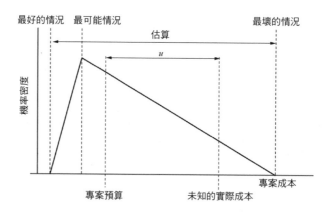

♦ 圖 3.5 從一系列估算值中選擇一個預算值作為目標

[Miranda 和 Abran 2008,經 John Wiley & Sons, Inc. 許可後引用]

在圖 3.5 中,選定的專案預算比最可能情況稍微高一點,而實際呈報的專案工作量則明顯比預算偏右。當已知實際成本為何,預算和實際成本的差距就稱為低估部分(underestimate, u)。

低估部分的機率分布 $p(u)$,u 與圖 3.4 中的工作量分布類似,只是換成了專案預算。

綜上所述,在軟體專案中,不管選擇哪個估算值作為「預算」,都有很高的機率證明它是不準確的。在實務上,正如圖 1.4 所示,軟體業大多數專案在列預算的時候都是資金不足的。

如果多數專案都存在估算偏低的情況,該如何處理這個問題?

估算偏低在專案管理中也不是什麼新鮮事，目前，工程和專案管理團體已經研究出因應的對策。這些方法收錄在專案管理學會 [PMI 2013] 所出版的《專案管理知識體系》（Project Management Body of Knowledge, PMBOK）中。

根據專案管理學會（PMI）的定義，**應變準備金（contingency reserve）**是指「除估算量之外所需要的資金、預算或時間，以便降低為達成專案目標而超支的風險至組織可接受的程度」[PMI 2004，第 355 頁]。

- 應變資金是為了解決眾多沒有具體識別出來的可能事件和問題，或用於填補在進行估算準備時沒有載明的遺漏部分預算。
  - ▸ 當使用資金的許可權在專案管理層之上時，應變資金也可稱為**管理準備金（management reserve）**。

在實務做法中，應變資金是採用啟發式方法加入到專案中的，比如應變資金占專案預算的 10% 或 20%，或者根據對風險調查問卷的回饋，累加百分比。

- 更成熟的組織可能會做蒙特卡洛模擬（Monte Carlo simulation）來得到預期結果。

不管選擇哪種方法，在實際專案中，從應變資金的規模或是如何管理應變資金的角度來看，起決策作用的個人或是組織的考量因素都是不能忽視的，尤其是：

- 管理層優先考慮時程進度而非成本；
- 管理層傾向於不作為；
- 撥出去的錢就等於花掉了（the money allocated is money spent, MAIMS）的態度 [Kujawski 等人，2004]。
  - ▸ 因為這種態度，一旦分配了預算，最後肯定會因為各種理由全部用光，這也就意味著由於低於預算而節省出的那部分資金，很少能夠抵消超支的部分。
    - ▪ 這違背了應變資金不一定會使用的基本原則，因此為了有效和高效地管理應變資金，在高於專案的層級上進行資金管理是較為合理的解決方法。

3.4 單一專案的應變計畫案例

在本節中，我們將介紹一個應變資金管理層級的案例。當從大量的估算值（每個值發生的機率都很低）當中選擇一個值作為預算時，應該預留多少作為應變資金。為了便於闡述，我們做了如下假設：

- 樂觀估算為 200 人月；
- 最可能估算為 240 人月；
- 悲觀估算為 480 人月。

圖 3.6 是一個估算值範圍示意圖，橫坐標以 20 人月為間距成直線增加。圖 3.6 也展示了一組非線性曲線，它們代表每個階段資金可能需要的應變資金與資金組合。正如我們預料的：

- 當專案預算定為最樂觀估算（200 人月）時，應變資金達到最大值 =240 人月；
- 當專案預算定為最悲觀值（480 人月）時，應變資金為 0。

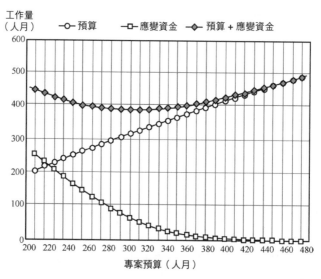

△ 圖 3.6 根據分配的預算進行的專案總成本（預算＋應變）分解

[Miranda 和 Abran 2008，經 John Wiley & Sons, Inc. 許可後引用]

專案經理要對分配給他的預算負責，而高層經理的職責則是不要被低機率的預算值所蒙蔽，要預留必要且合理的應變資金，以便在出現不確定性風險時仍能充分支配專案資金。

在本例中，最小總成本對應的預算為 320 人月（見圖 3.6 中最上面的那條線）。

注意：本書大多數圖表數據都來自於真實的專案，唯本案例與圖 3.6 中的數值均為說明性資料，並非實際專案資料。

3.5 專案組合的應變資金管理

MAIMS 行為可以用帕金森定律（Parkinson's Law）和預算遊戲來解釋，意即把所有預算都花掉，以免開了預算有盈餘的先例 [Flyvbjerg, 2005]。

- 如果 MAIMS 行為在組織內很普遍，那麼不論專案是否需要，分配給專案的預算會全部被花光，所以永遠不會出現預算沒花完的情況，只會有成本超支的狀況出現。

這否定了不一定使用應變資金的基本前提。

為了高效和有效地管理資金，顯然數學上的有效方案是在專案組合層級上進行管理，並且在有需要時分配至各個專案。

我們將在進階閱讀部分透過一個案例解釋該方法。這個案例是由三個專案構成的專案組合，專案內容來自於圖 3.6 例子中的專案，要在四種不同的預算分配策略下進行模擬。這四種預算分配策略（情境）如下：

- 情境一是專案最好情況的預算分配；
- 情境二是專案最可能情況的預算分配；
- 情境三是最少應變資金的預算分配；
- 情境四是專案最壞情況的預算分配。

3.6 管理優先順序：一個敏捷背景的案例

現在人們普遍認為軟體規模是影響專案工作量的重要因素，有相當多的統計學研究報告也強烈支持此一觀點。

如圖 3.7 所示，產品需求決定了專案規模，繼而影響了專案工作量。準確來說，產品規模是自變數，而專案工作量是依變數。

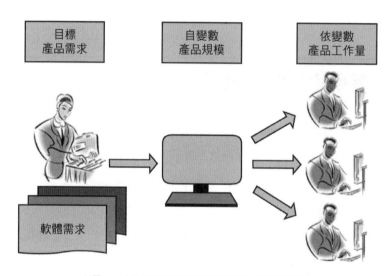

△ 圖 3.7 產品規模作為影響專案工作量和工期的關鍵因素

然而，大家也承認遠遠不止規模這一個影響因素（自變數），有很多其他因素（如開發工具、程式設計語言、重複使用等）都與工作量有關係，可以在建模時加以考慮。

此外，軟體規模有時候也可能作為依變數，比如當專案交付期是關鍵因素（作為專案第一優先順序）時。在這種具體情境下，如圖 3.8 所示：

（A）專案交付日期是驅動因素（自變數）之一，它和在此工期內能分配給專案的峰值人力（另一個自變數）一起決定專案工作量的最大可能值。

軟體專案估算

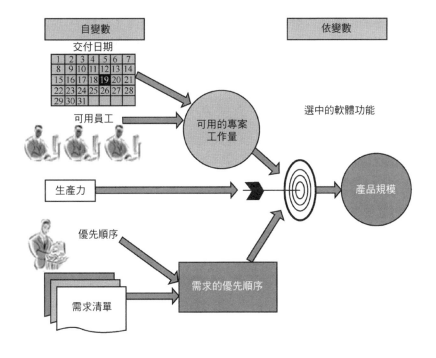

の中のテキスト:
自變數 | 依變數
交付日期
1	2	3	4	5	6	7
8	9	10	11	12	13	14
15	16	17	18	19	20	21
22	23	24	25	26	27	28
29	30	31

可用員工

生產力

優先順序

需求清單

可用的專案工作量

需求的優先順序

選中的軟體功能

產品規模

○ 圖 3.8 產品交付期作為決定軟體功能和規模的關鍵因素

（B）需求列表及其對應的工作量估算，以及相對應的個別優先順序，可以組成另一組自變數。

（C）再同時考慮（A）和（B）中的自變數，來選擇在此工期內由可用人力開發完成哪些產品特性，以此確定所交付的產品規模（依變數），如圖 3.8 所示。

敏捷方法正是與這種管理原則相吻合。

3.7 總結

本章主要介紹了專案估算的結果為一個範圍值以及機率，組織相信在已知的機率下，該專案可以達成目標。

而從大量的估算值中選擇一個單一值作為專案預算（目標），是商業與管理相結合的決策結果。該選擇也包括在估算範圍內為專案分配資金或工作量：

- 較低的預算，極可能導致低估了實際需要的工作量；
- 較高的預算，基本上會導致鍍金現象和過度開發。

進階閱讀：
專案組合的預算編列模擬

高效且有效地進行應變資金管理，顯然應該維持在專案組合層級進行管理，並根據專案的個別需求分配給每個專案。

下面的案例 [8] 將會對此進行闡述。該案例是由三個專案（資料來源為圖 3.6 的例子）構成的專案組合，模擬四種不同的預算分配策略（情境）。

圖 3.9 展示了產品按時交付的機率，以及每個情境預期的組合成本。圖中展示了以下四種機率：

（A）所有專案都無法按時交付。
（B）一個專案將按時交付。
（C）兩個專案將按時交付。
（D）三個專案都將按時交付。

專案組合成本包括：分配給三個專案的預算，加上它們的回收成本，或是無法從估算偏低的窘境中回收所需付出的懲罰性成本。

情境 1 是為所有專案分配的預算都等於其最樂觀估算值（200 人月）時的模擬結果。

8　原註：參見 Miranda, E., Abran, A. 所撰寫的《如何應對軟體專案估算偏低》，專案管理期刊，專案管理學會，2008 年 9 月，PP.75-85。

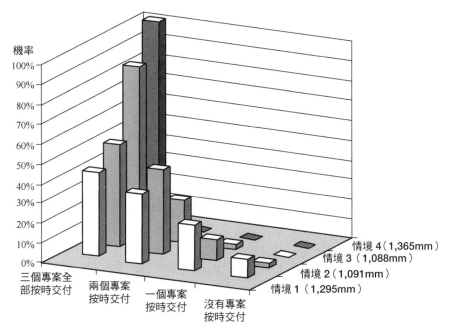

△ 圖 3.9　不同的預算分配情境下按時交付的機率。注意：括弧裡的數字代表預期的組合成本

[Miranda 和 Abran 2008，經 John Wiley & Sons, Inc. 允許後引用]

- 這可能是最差的策略了。不僅造成較高的組合成本（僅次於最高），而且專案完成時間是最晚的。
  - ▶ 儘管分配給專案最低的預算，但它的回收成本和懲罰性成本也會導致總成本升高。

情境 2 分配的預算等於最可能估算值（240 人月）的情況。

- 在這種情境下，組合成本較前一個情境的成本低，且按時交付的機率較高。

情境 3 是為了讓預期回收成本（應變資金部分）最小化而為專案分配的預算，如圖 3.9 所示。

- 總成本為 1,088 人月，此情境的預期總成本最低，三個專案都按時交付的機率很高。

情境 4 中，專案分配的預算為 455 人月，取的是估算區間的第 99 百分位。

在此情境中，所有專案都按時完成，但是成本最高。

圖 3.10 顯示了每種情境的專案組合之成本分布。

● 請特別留意曲線的陡峭程度。情境中的組合成本波動愈小，曲線就愈陡峭。

  ▸ 情境 4 的波動最小，因為分配給專案的預算較多，可以避免估算偏低的情況發生。

  ▸ 情境 1 的情況正好相反，波動最大，因為不管在哪一種模擬條件下，每個專案都估算偏低。

曲線陡峭的重要程度在於，曲線愈陡峭，增加到專案預算的每美元或每人月的安全程度就愈高。表 3.1 對此進行了總結。

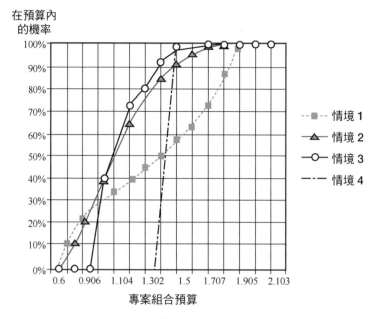

△ 圖 3.10 每種情境的專案組合成本分布

[Miranda 和 Abran 2008，經 John Wiley & Sons, Inc 允許後引用]

實際上，情境 3 的策略最有效率，專案按預算（預期的專案組合預算值是 1,125 人月）完成的機率是 71%。

表 3.1 預算策略匯總

情境	預期的組合成本（模擬所得結果）（人月）	三個專案的預算（人月）	應變資金（人月）	組合預算（人月）	在組合預算範圍內的機率（％）（見圖 3.6）（≌）
1	1,295	3×200=600	3×251=753	600+753=1,353	55
2	1,091	3×240=720	3×150=450	720+450=1,170	68
3	1,088	3×320=960	3×55=165	960+165=1,125	71
4	1,365	3×455=1365	3×0.5=1.5	1365+1.5=1,366.5	99

1. 在圖 3.1 中，當專案規模為 50 個功能點時，對應最好情況和最壞情況的工作量是多少？

2. 專案管理中，最可能情境發生的機率通常是多少？為什麼？

3. 如果在估算階段還無法精確得知待開發軟體的規模，但是可以預計出其範圍，那麼對於估算結果會有什麼影響？

4. 在進行軟體估算時，選擇樂觀情況有什麼風險？如果選擇的是樂觀情境，誰來負責減輕風險？

5. 所有情境（最好－最可能－最壞）估算偏低的機率都一樣嗎？估算偏低對應變準備金有什麼影響？

6. 專案管理中的 MAIMS 行為指的是什麼？

7. 在做專案預算分配時，請識別出商業決策會有哪些偏差，每種偏差對專案經理和專案成員的影響為何？

8. 在圖 3.6 所展示的案例中，哪種情況的專案總工作量最小？

9. 在一個運作良好的軟體組織中，應變資金是在哪一個管理層級進行管理的？

10. 情境的建立和對預算值的機率分配，應該是根據歷史資料所做的分析結果。請指出在圖 1.12 到圖 1.16 中，需要考慮哪些必要的資料儲存庫和回饋迴路？

本章作業

1. 在你的組織內，如果需要制定專案預算情境（最好、最可能和最壞情況），流程是什麼？主要都是根據個人經驗還是根據歷史專案的分析？

2. 根據你的組織中工作量和進度估算達成情況的相關經驗，達成最可能情況的估算值（真實）機率是多少？

3. 你目前參與的專案中，最好、最可能和最壞情境的估算分別是多少？你會如何分配每一種情況的達成機率？

4. 針對上述專案，你已經識別出了各種情境及其對應的機率，請計算出備選方案所需的應變資金。

5. 在你的組織中，誰負責決定應變資金數字，誰負責管理應變資金？

6. 假設你在專案管理（PM）辦公室工作，負責多個專案的監控。請識別出每個專案估算偏低的機率，並計算出當需要額外資金支援時能夠及時到位的應變資金數目。

economics
What Must be
Verified?

估算過程：
必須驗證什麼？

生產力模型是估算過程的核心，因此使用者必須瞭解其優點和缺點，而在建立模型時，模型建立人員也需要分析並記錄其優點和侷限性。

本書的第二部分，我們將深入探討估算過程中會遇到的各種品質問題。具體來說，我們是從工程化角度而非「手工藝」角度去研究估算過程。當我們設計並選擇好估算過程，對於所有提出的驗證準則都應該經過仔細調查並保留記錄，並且要確保驗證結果對所有使用該流程的新專案都是可用的。

第 4 章 簡要介紹在估算過程中必須理解和驗證的多個部分，首先是在建立生產力模型時，其次是在使用其進行估算的過程中。

第 5 章 討論在設計生產力模型時，對直接輸入（明確包含在參數化統計模型中的自變數）需要進行的驗證。

第 6 章 介紹使用統計技術所要滿足的條件有哪些驗證準則、識別估算範圍的準則和模型參數方面的估算誤差。

第 7 章 討論估算過程調整階段中的各個要素，包括認識與理解傳統估算方法中「成本動因」所隱含的子模型。本章也會探討當生產力模型包含大量因素時，對測量的不確定性造成的影響，是會增加精確度，還是會擴大不確定性和偏差範圍？

請繼續閱讀 ▶

估算人員應該強調，專案估算過程的本質
是一個不斷反覆運算的過程。

概述估算過程中
必須驗證的內容

學習目標

本章將概述估算過程中每一個階段必須驗證的部分,包括:

估算過程的直接輸入

生產力模型的使用

調整階段

預算編列階段

4.1 概述

你是否應該關心估算過程是否合理？其中隱含的生產力模型效能如何？

軟體工程師和經理透過估算過程來做出承諾，即：

- 為組織帶來顯著的收益；
- 對自身職業生涯有實質幫助。

這些高技術專家是否會和見多識廣的消費者一樣睿智呢？

在日常生活和工作中，現在的消費者都很清楚他們必須瞭解自己所購買和使用的產品以及相關售後服務的品質。

📌 買車這件事不容小覷！

當考慮買車時，大部分消費者會大量查閱汽車資訊，研究汽車的各種技術性能（品質特性）表現，對比價格，最後再做決定。

例如，查閱和汽車有關的消費者報告、會針對車輛性能進行評比報導的專業汽車雜誌；上述兩種內容都屬於汽車範疇，也涉及車輛的各種變數，因此這些資料對於駕駛員和乘客都很重要。

📌 軟體專案估算做得有多好？

很多時候，軟體專案所涉及的資金金額，比起買車的花費要多上許多。對於你們目前使用或者打算使用的估算工具和技術，你的組織真的知道其品質和效能如何嗎？

估算模型可以透過各種管道獲得，例如：

1. 有時可以在網路上找到免費的估算軟體。

2. 市面上銷售的估算軟體工具，一般是黑盒的形式，其內部的數學公式和它所依賴的資料集都不能作為獨立分析使用。

3. 書籍、雜誌、相關出版品。

不論估算模型的來源為何，都可以使用這些估算工具進行重要的財務決策，將資源做出最適當的分配：

- 在沒有驗證品質、也不瞭解使用限制的情況下，如何判斷出這些估算工具（包括數學模型）的使用頻率？

軟體估算工具的使用者必須非常關注工具的品質：因為組織冒著風險投注了大量的時間和金錢。

估算過程及其相關的軟體工具，跟任何其他技術一樣：

- 不是所有東西都好用，並且能在特定的環境中充分發揮作用。
- 與所有其他操作過程及模型一樣，估算過程高度依賴其輸入的品質（也就是「垃圾進，垃圾出」的原理）。

在本章中，我們將識別出需要進行驗證的元素，讓估算過程可信且可以通過稽核的考驗，內容包括：

- 輸入測量（產品、過程、來源）的品質
- 估算過程核心的生產力模型需符合的準則
- 估算模型所衍生的輸入之品質
- 估算模型的其他輸入（關鍵假設、限制、專家判斷等）

上述內容將會在第 5 章～第 7 章詳加闡述。本章的內容組織如下：

- 4.2 節驗證估算過程的直接輸入；例如，產品規模。
- 4.3 節驗證模型本身。
- 4.4 節討論調整階段的驗證內容。
- 4.5 節討論預算編列及重新估算過程。
- 4.6 節介紹整體估算過程的持續改進。

4.2 驗證估算過程的直接輸入

在特定環境下進行某個專案的估算時，驗證的第一步包括識別估算過程的輸入（進行估算準備時可以獲得的資訊），並記錄這些輸入的品質。

4.2.1 識別估算的輸入

估算的輸入基本上包括以下兩種類型：

* 自變數的定量產品資訊；
* 當有多個模型可供使用時，選用特定模型的過程描述資訊。

產品資訊

收集所開發軟體的**產品**相關資訊，包括：

* 功能性需求（可用國際標準的功能規模測量方法進行測量）；
* 非功能需求（通常以文字描述，因為幾乎沒有對應的國際標準）；
* 系統視角和軟體視角的關聯關係（開發的軟體是應用於由一系列操作步驟構成的環境，軟體系統會與手工操作或自動化操作進行互動，可與硬體互動或不與硬體互動）。

在每個軟體的開發生命週期階段，這些產品資訊應該盡可能地量化並完整記錄下來。

過程資訊

過程資訊是指與開發**過程**及實作平台的預期特徵相關之資訊。

* 過程資訊包括關於某一個技術環境的已知限制，例如 DBMS、程式語言和程式碼編寫規範。

資源資訊

在分析階段進行的早期估算，應不依賴分配給專案的特定人力資源。

4.2.2
記錄輸入的品質

光是識別出有哪些輸入是不夠的。在這個時候，未必會知道有哪些關鍵的自變數，而且輸入變數可能存在著看似合理的顯著偏差，包括功能規模，這將會導致估算結果看起來也有差異。因此在進行專案估算時，估算人員需要對可收集到的資訊進行品質評估並量化它們，同時記錄所有的評估，以備日後追溯，並在使用模型前加以分析，以理解候選的不確定性範圍，如圖 4.1 所示。

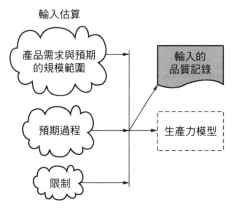

△ 圖 4.1 驗證生產力模型的輸入

（A）需求的功能規模之測量，要能夠指出其功能性用戶需求的品質和完善程度 [9]。

9　IEEE 830 中定義的功能性需求，在 ISO 的軟體功能規模測量標準中也稱為「功能性用戶需求（FUR）」，例如 ISO 14143 系列 [ISO2007a]、ISO 19761 和 ISO 20926。我們在本書中也採用 FUR 這個術語，該術語廣泛使用於 ISO 標準中，因為 ISO 標準認為軟體規模是生產力模型中的關鍵自變數。

- 例如，假設指定一個 377 功能點（FP）的規模作為模型的輸入，那麼應該要說明這個數字所依據的功能性規格：
  ▸ 此規格已通過評審確保是完整的、一致的，且沒有歧義，這樣才能保證對其功能規模的測量是精確且充分的；
  ▸ 或者，此規格描述符合國際標準，例如關於軟體需求規格說明的 IEEE 830 [IEEE 1998]；
  ▸ 或者，此規格是為高層人員進行描述，沒有進行精確測量，而是用近似方法估算規模，沒有一個準確的範圍。

（B）當需求描述不夠詳細，無法使用國際標準方法測量其功能性用戶需求時，估算人員可以使用文獻中記載或 ISO 標準認可的近似方法。

此第一步驟應該形成的書面報告結果如下：

1. 對估算過程的輸入測量之結果。
2. 對此測量結果品質進行評價，包括此過程中所做的假設，尤其是當需求規格說明屬於較高層級或者過於模糊不清而無法做精確測量時。

✦ 功能點是否夠精確，可以作為估算的輸入？

　　對於待估算的專案：

（A）當所有需求都很詳細並且可用的情況下，就可以準確地測量出功能點，並可以信心滿滿地作為估算過程的輸入。

（B）當並非所有需求都很詳細的情況下，可以使用一些技術得到近似的候選規模範圍，例如，「COSMIC 功能規模近似測量指南」[COSMIC 2014a]。

4.3 驗證生產力模型

事實上，不需要在專案每次進行估算時都驗證生產力模型。一般來說，只需要驗證一次，也就是在第一次建立生產力模型的時候，或者從外部選定了估算工具的時候進行驗證。這個比較複雜的驗證過程，包括下列兩個步驟：

- 對於生產力模型設計的輸入資料進行分析，請參考第 5 章；
- 驗證生產力模型本身，請參考第 6 章。

4.3.1
內部生產力模型

建立內部生產力模型，在理想情況下通常是：

（A）利用組織自己的歷史資料；
（B）依據這些歷史資料建立的模型品質有書面記錄。

在實務上，估算活動還存在其他的限制，其中最主要的兩大限制如下：

1. 待估算專案可能會面臨模型沒有涵蓋到的情況或一些限制，這就意味模型不能夠完全代表該專案。
    ▸ 如果模型使用的資料點是從 0 到 100CFP（COSMIC 功能點 [10]），那麼它就不能代表超出此範圍的情況（例如，不能用於估算一個 1,200CFP 的專案），如圖 4.2 所示。（注意：此步驟是把生產力模型作為一個模擬模型使用。）
2. 我們不能期望模型輸出的是一個單一數字並且保證絕對準確。
    ▸ 一般來說，模型提供的輸出是一個可能範圍（有些會給出機率範圍）。

---

10 原註：CFP = 根據 ISO 標準 ISO 19761 測量的 COSMIC 功能點 [COSMIC 2014b]; [ISO 2011]。

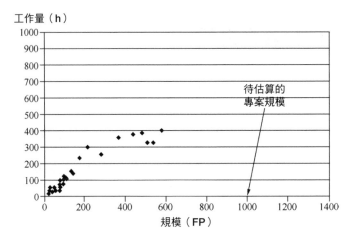

⊙ 圖 4.2 模型的使用範圍取決於其採樣範圍

因此,估算過程中使用的模型應包含以下內容,如圖 4.3 所示:

* 預期適用範圍的記錄―詳細資訊請參考第 6 章。
* 如果專案的情況與建立的模型有很大的差異,在此估算環境下使用它就必須要很謹慎。

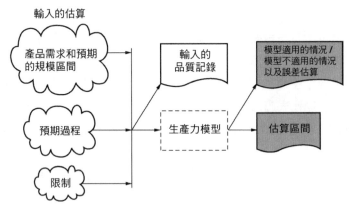

⊙ 圖 4.3 驗證生產力模型的執行

關於如何使用統計分析方法在歷史資料建立的模型品質上,請見第 6 章。

4.3.2
來自外部的模型

有些組織沒有建置自己的歷史專案儲存庫，這些組織通常會使用：

- 其他儲存庫的模型，例如國際軟體基準標準資料組織（ISBSG）提供的儲存庫；
- 軟體估算工具 [11] 中自帶的模型：
  - ▸ 如來自工具廠商（需付費）
  - ▸ 或來自網路（免費）；
- 文獻資料中的模型與數學公式（如 COCOMO81 和 COCOMOII 模型）。

你若期望這些外來的模型可以與特定組織文化、特定技術背景的專案完美吻合，似乎也太強人所難了，因為這些模型是依據其他組織背景和不同類型專案而建立的。

因此，如果要在估算中應用來自外部的模型，你應該要做的是：

- 分析該模型在本組織中的預測能力；
- 對模型進行校準，以適應我們的商業決策環境，並承諾能按照此模型的結果分配資源。

對外部模型預測能力的分析，可以這樣做：

- 收集一個或多個最近結束的專案之相關資訊；
- 把這些資訊作為輸入代入到外部模型裡；
- 將模型的估算結果與這些專案的實際工作量進行對比。

有了這些資訊，就能夠判斷這個外部模型在本組織內的預測能力。

---

11 原註：本書中提到的「生產力模型」，在其他文獻中或廠商一般稱為「估算工具」或「生產力模型」。

4.4 驗證調整階段

前面所提的驗證階段，不管是內部模型還是外部模型都**只考慮那些以數學公式明確表達的變數**。

但是，生產力模型的估算結果，受限於數學公式所代入的自變數數量。我們都很清楚，實際上還有很多其他的自變數可能影響到與依變數的關係。我們將會在估算過程的調整階段納入這些因素，如圖 4.4 所示。

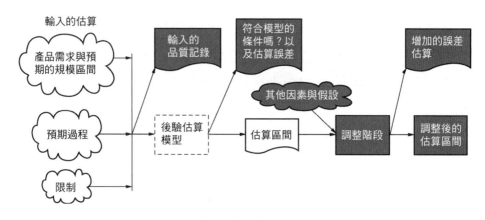

◎ 圖 4.4 調整過程的驗證

例如，某專案可能有一些產品、流程和資源的特徵是沒有包含在生產力模型中的。

正因為這樣，我們需要驗證階段（也可參見 1.6.3 節和圖 1.12），有了驗證這個步驟，才能夠：

- 識別、記錄和「量化」其他的變數、資訊與相關限制；
- 評估其他變數造成的個別影響；
- 將這些影響作為調整因子加入到所使用的模型中，不管是內部的模型還是外部的模型。

這麼做意味著模型在上一個步驟的輸出，只是調整階段進行驗證的一個輸入。這些調整的基礎，以及調整預計可能產生的品質影響，都應該詳細記錄下來。

- 大多提到調整階段及其影響的書籍，一般都是根據專家視角，而非根據合理且可控的經驗或是根據大量樣本的業界資料，這些從統計學角度來說才是有意義的資料。
  ▸ 通常不會提及調整的誤差範圍或對估算值調整的影響。

4.5 驗證預算編列階段

此階段的驗證過程應考慮可能對專案造成風險的其他因素，如下：

- 技術上
  ▸ 因為選用的技術關係，可能無法如期交付產品。
- 組織上
  ▸ 有經驗的員工可能無法在軟體開發生命週期的關鍵時刻到位；
  ▸ 關鍵員工生病、離職；
  ▸ 招聘困難；
  ▸ 其他因素。

樂觀值、最可能值和悲觀值的估算通常會是三個不同的數值。但是，理論上它們應該都要落在一個連續的區間範圍內，且每個值對應一個發生機率。

- 樂觀估算值的範圍。
- 最可能估算值的範圍。
- 悲觀估算值的範圍。

這種驗證比較偏向管理領域，因此本書不會做進一步的說明。

4.6 重新估算與對整體估算流程的持續改進

對估算過程和生產力模型的改進取決於以下幾點,如圖 4.5 所示:

- 專案完成後收集的資料。此時專案交付物沒有任何不確定性(交付的功能數量、工期以及所達到的品質標準)。
- 人員整合資訊的技能。將這些資訊集成到生產力模型中以改進其效能。

在這個領域,很難進行模型改進,在軟體業更是鮮少有人嘗試,因為這得要面臨眾多挑戰,如下所述:

- 幾乎沒有單點值的預算。
  ▸ 在實務上,由於軟體業的估算過程極不完善,因此在專案生命週期中經常需要重新估算專案的預算。
- 通常沒有記錄估算過程的輸入資訊。

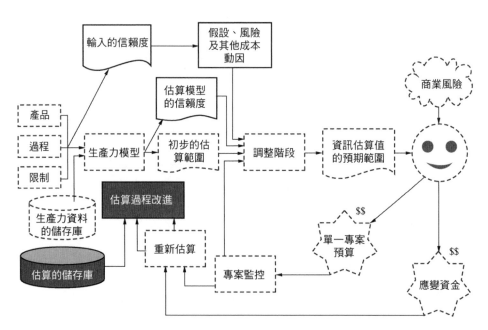

⬥ **圖 4.5** 包含回饋迴路的整體估算流程(以及歷史專案估算值的儲存庫)

▸ 輸入的品質和完整性既沒有記錄下來、也沒有進行分析。

● 沒有全面記錄估算過程中所做的假設。

● 專案生命週期中的「範圍潛變」（scope creep）鮮少被測量或加以控制。詳見 SouthernSCOPE 方法，整個專案生命週期的規模管理 [Victoria 2009]。

理想的情況下，上面提到所有的估算過程資訊都應該記錄在資訊儲存庫中，以便之後用於評估此過程的效能。

專案結束時，應該把實際預算和估算值（不僅是工作量，包括所有其他產品的測量資料）進行對比，以便得到估算過程品質的回饋。

這項作業將能獲得有價值的資訊，如下：

● 當前估算過程的品質和預測能力之記錄。

● 估算過程本身的改進。

● 利用估算過程各個步驟作為案例來進行培訓。

實際資料應該回饋給模型作為改進的參考依據。此最後步驟描述在圖 4.5 中，從驗證角度來看，可以讓整個估算過程更加完整。

進階閱讀：
估算驗證報告

整個估算過程及其所有構件都應該是可驗證、可審查的，並且已經完成審查。本節將展示一份品質評估報告的結構，該報告是對圖 4.5 整體估算過程進行的評估，報告內容應包括如下的驗證：

A. 估算過程的輸入

B. 估算過程中所使用的數學模型之輸出

C. 調整階段的輸入和輸出

D. 在單一專案、專案組合層級分別做出的決策，並說明這些決策的基礎

E. 商業決策過程的重新估算及驗證

（A）直接輸入的驗證（自變數）

在估算過程中，生產力模型使用的直接輸入，其品質需記錄在驗證環節中，詳細內容參見 4.2 節。

在本節中，文件記錄的準確性和完整性將影響待開發軟體的功能規模，應按照下列方式提供：

- 文件的狀態將作為測量的基礎：
  ▸ 最終版本的軟體需求規格文件（例如，已評審且通過審核）；
  ▸ 高層需求的草稿（還沒經過評審和核准）；
  ▸ 其他狀態。
- 當功能規模是近似值而非經過精確測量所得時，提供預期的偏差範圍。
- 生命週期的活動，如可行性研究、策劃、分析等。
- 功能規模測量人員的相關經驗等。

（B）對生產力模型使用過程的驗證

本節所探討的驗證報告，關於生產力模型品質的記錄應該要可以取得，參見第 6 章。

此外，應將待估算專案和設計該生產力模型所用的專案進行對比：

- 當待估算專案的背景和規模範圍**不同**，使用該模型將會增加不確定性，應該將其記錄下來；
- 當待估算專案的背景和規模範圍**相同**，模型本身的品質資訊可以用來描述其估算結果的預期偏差範圍；
- 當輸入值是近似的（不是經過精確測量得來的），則存在不確定性以及生產力模型輸入資料的不完整問題，此時必須分析評估額外的偏差範圍。

（C）調整階段的驗證

這個階段的驗證報告應該記錄以下內容：

- 調整生產力模型輸出過程中的所有輸入資訊；

- 估算的實際執行者和高層經理在提交專案估算結果並做出承諾前，所做的調整之理由；
- 這些調整的預期影響，以及估算結果中預期的額外偏差範圍。

與歷史估算儲存庫作比較

理想情況下，應該會有一個歷史專案估算結果的儲存庫，內容包含：

- 反覆運算的估算結果；
- 每次增量變更的詳細資訊，關於：
  ▸ 專案輸出物
  ▸ 生產力因素

在編寫估算信賴度報告時，對歷史專案特徵的分析資訊將有助於提供更深入的瞭解。

完整性檢查

藉由對比實務人員的估算值，對估算結果的範圍和所做的調整進行完整性檢查，詳見第 7 章。

（D）預算編列階段的驗證

預算編列階段的輸入應該是高度透明的，包括以下書面記錄：

- 關鍵假設；
- 不確定性因素；
- 風險因素；
- 估算過程結果的建議使用方法。

不確定性因素

需要特別強調：在整個專案生命週期中，愈早準備估算，估算過程所有輸入條件的不確定性就愈高。

預算編列結果的建議使用方法

預算編列過程的結果報告應客觀、清楚地描述：

1. 對專案當前的生命週期估算階段進行公正的評價；
2. 在決策流程中，對估算範圍和預算編列情境結果的建議使用方法。

例如，在預算報告中，業務經理應提出建議，根據目前的資訊品質可以進行哪些類型的決策，像是：

- 高層的預算撥款（確保按優先順序給予足夠的資金）；
- 僅對專案的下一階段撥款（當產品描述不完整或不穩定時）；
- 撥款至最終階段（當產品描述詳細具體且穩定，能夠對其做全面承諾時）。

估算人員應該強調，專案估算過程的本質是一個不斷反覆運算的過程。

這份驗證報告應該記錄：

- 進行決策時考慮到的其他因素；
- 專案層級的決策結果；
- 專案組合層級的應變方案和決定應變方案的策略。

（E）重新估算和驗證商務決策過程

需要花費相當長的時間並累積夠多的專案，才可以對商務估算過程進行評價。評價可以分成兩大部分：

對於**每個專案**進行下列合規檢查（由實務人員判斷）

- 風險評估以及對這些風險的管理
- 利益評估以及對這些利益的管理

對於**專案組合**進行下列合規檢查（由實務人員判斷）

- 風險評估以及對這些風險的跨專案風險管理
- 利益評估以及對這些利益的跨專案風險管理

此評價從公司的策略角度來說十分重要，但是不在本書的探討範圍內。

練習

1. 估算過程的所有驗證活動是否能在同一時間執行，應該按照什麼順序？

2. 估算過程輸入變數的驗證應該包含哪些？

3. 如果使用了內部生產力模型，應該做哪些驗證？

4. 如果使用來自廠商的估算模型，應該做哪些驗證？

5. 如果估算模型是從書上或網路免費取得，應該如何驗證？

6. 估算過程的調整階段應該進行哪些驗證？

7. 當專案進行預算決策時，應該記錄哪些資訊？

8. 要分析專案估算結果的效能以及改善整體估算過程，應該記錄哪一類資訊？

本章作業

1. 記錄你的組織在估算過程中的品質控制措施。

2. 識別出你的組織在估算過程中的優點和缺點。

3. 識別出你的組織在估算過程應改進事項的優先順序。

4. 對前三個應改進事項制定行動計畫。

5. 設計一個生產力模型的品質保證範本。

6. 設計一個整體估算流程的品質保證範本。

7. 從文獻中挑選三個估算模型。儘管作者會聲稱他們的模型是用於估算的，那這些模型是根據生產力研究得到的，還是僅僅是基於個人判斷？如果是後者，對於這些模型是否能滿足估算目的，你的信心指數為何？

8. 將軟體估算文獻中推薦的驗證步驟與圖 4.5 的驗證步驟進行比較，請說明它們的相同點和不同點，並識別出分析中模型的優點和缺點。

9. 過去一年裡，你的組織在分析生產力模型品質和估算過程品質方面做了哪些事情？為什麼？是否因為估算結果在你的組織中很重要（或者不重要）？

10. 如果生產力模型中沒有包含**成本動因**，你該如何進行估算？

11. 如果生產力模型中沒有包含**風險因素**，你該如何進行估算？

12. 請識別出做專案預算分配時，商業決策固有的傾向。每種傾向對專案經理和專案成員的影響為何？

13. 組織如何把生產力模型和估算過程潛在的範圍變更考慮在內？如何在專案執行過程中管理及控制範圍變更？

如果輸入的資料是垃圾，沒理由期望輸出
結果會是有用的東西！

驗證用於建立模型的資料集

CHAPTER

05

5.1 概述

使用任何一項技術時，瞭解其品質和效能水準是很重要的。生產力模型也是同樣的道理，不管是透過統計技術得到的還是根據經驗判斷。

本章的重點內容是驗證統計技術生成的生產力模型之輸入變數。

- 雖然本書並非著重在研究專家經驗法的估算，但本書中的大部分概念，在這一章同樣適用。

下面提到的很多驗證步驟，都應該在建立生產力模型之後再去執行，並且應該提供驗證結果給使用模型的人，以便他們在獨特的限制條件下進行特定專案的估算。

根據統計技術所建立的生產力模型包含以下內容（參考圖 5.1）：

1. 輸入，即資料集，包含：

   ▸ 自變數資料集
   ▸ 依變數資料集

2. 所採用的特定統計技術步驟。

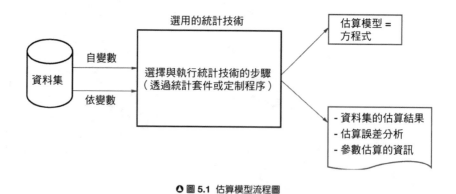

○ 圖 5.1 估算模型流程圖

3. 輸出結果，包括：

> ‣ 生產力模型的數學公式；
> ‣ 資料集的估算結果；
> ‣ 模型根據原始資料集的估算偏差資訊。

因此，為了正確使用統計技術，需要進行以下三種不同的驗證：

1. 驗證資料集中的輸入變數特徵：

> ‣ 以便瞭解資料集本身；
> ‣ 以確保滿足所用統計技術的條件：
> > ▪ 在統計檢驗結果分析中經常遺漏了這一點：只有在滿足所用統計技術的輸入條件之前提下，這些結果才是有效的。

2. 驗證統計技術的執行步驟是否正確：

> ‣ 如果使用的是知名的統計學軟體套件，則可以跳過此驗證步驟。
> ‣ 如果使用的是定制軟體執行步驟，就需要使用完善的試測程序進行全面檢驗。

3. 驗證輸出變數的特徵：

> ‣ 該步驟可以說明如何理解此生產力模型輸出結果的真實統計意義。

本章的重點在於，驗證我們所使用或未來將會使用於構建立生產力模型的輸入。

本章內容結構如下：

- 5.2 節著墨在驗證已使用或將使用於生產力模型的輸入。
- 5.3 節討論輸入的圖形化分析。
- 5.4 節分析輸入變數的分布情形。
- 5.5 節包含輸入變數的二維圖形分析。
- 5.6 節探討與轉換公式相關的衍生規模輸入之使用議題。

5.2 直接輸入的驗證

5.2.1
驗證資料定義和資料品質

本節將討論在確定生產力模型輸入的關聯性和品質時，需要分析的各個面向，也就是生產力模型的自變數和依變數。

- 對於使用生產力模型的人來說，瞭解這些輸入的品質尤為重要，因為它們對模型輸出的品質有極大的影響。

所有依據數學原理的估算技術（統計技術、迴歸、神經網路、實例推理技術等）都具備以下兩個特點：

- 使用提供給他們的資料；
- 假設這些輸入都是正確且可靠的。

因為模型和技術無法識別出有問題的資料，因此產生了下述問題：

- 是否要由模型建立者或模型使用者，或者雙方一起，共同保證他們所用的估算技術及其模型的輸入品質？

IT 界常聽到的一句話：「垃圾進，垃圾出。」對於建立和使用估算模型也是一樣的道理（參見下面的表格），如果估算過程的輸入是高度不準確的（品質差），怎麼能期望會有一個「準確」的估算結果呢？

> ★ 「垃圾進，垃圾出」
>
> 如果用於建立生產力模型的資料品質很差（不管是資料本身，還是所使用的統計技術），就不能期望會產出好的輸出結果：

- 可以透過模型計算出數值，但如果輸入的資料是垃圾，沒理由期望輸出結果會是有用的東西！
- 只有在滿足一系列嚴格條件的情況下，使用資料是有效的，使用統計技術得到的數值才是有效的，並且可以準確且真正代表建立模型的現象（所要估算的特定專案類型）。

低品質資料案例

- 缺乏某些內容資料。例如，沒有記錄加班工作量；
- 資料收集時間明顯落後。例如，工作量資料是在專案完成後數個月後透過員工收集而來，這種方式所收集到的資料品質，會比每天固定收集的資料品質低很多。

重要的是，充分理解每個輸入參數的具體定義，以及在資料收集過程中可能導致重大而顯著偏差的特徵。

✦ *ISBSG 資料定義案例*

完善的資料定義及相關資料收集過程，詳見第 8 章的 ISBSG 儲存庫案例，尤其是工作量資料和規模資料的案例。

5.2.2
驗證測量尺度類型的重要性

模型是根據數字而建立的：

- 當然，不是所有數字（測量）都一樣重要，尤其是在軟體工程業，對於軟體的測量還在初步發展階段：
  - ▸ 資料如果作為模型的基礎，必須具備正確的特徵值。

在軟體實務中,「某個事物」只要用數字量化表達,就會被稱作「測量值（metric）」,而在軟體領域中,大多數人一看到數字形式就會自動假設這個數字是絕對沒問題的,也就是表示:

- 數字必然是準確的;
- 數字必然是相關的;
- 數字所表達的意義對收集者和使用者是一致的。

然而,不是所有的數字都能進行數學運算（加減乘除）:

- 在能力成熟度模型（capability maturity model model, CMM）中,數字 1～5 只代表順序標籤,用來區分不同的「品質」成熟度等級;
- 但是,當同樣的數字序列 0～5 在功能點分析中用來表示 14 個通用系統特徵,並且要將影響因素相乘時,毫無疑問,它們不適合進行這樣的數學運算（見 Abran 2010《Software Metrics and Software Metrology》,第 8 章）。

✖ 成熟度模型—能力等級

關於著名的軟體能力成熟度模型（CMM）所用的 5 個等級:

- 它們沒有比例尺度類型（ratio scale type）的屬性,而比例尺度是允許數字運算的,因此,它們並不能進行數學運算;
- 儘管可以透過數字表達不同等級,但是這些等級只代表順序尺度（ordinal scale）類型;嚴格來說,2 級僅代表比 1 級的成熟度高、比 3 級的成熟度低。

在這個情況下,數字 1、2、3 只代表順序,它們甚至不能代表兩級之間的間距是一樣大的。

對於生產力模型所收集且使用的每個資料,都應該明確識別和瞭解其尺度類型（scale type）:

- 名目（nominal）
- 順序（ordinal）
- 區間（interval）
- 比例（ratio）

名目尺度（nominal scale）的資料可以進行相加和相乘，但無法在其他尺度類型上進行這些運算。因此，當變數用於統計技術的輸入時，必須考慮每個變數的尺度類型 [Abran 2010; Ebert et al. 2005]：

- 像功能規模這樣的變數，已採用國際標準將它量化，像是 COSMIC-ISO 19761 測量方法，它屬於比例尺度（ratio scale），可以用統計迴歸技術進行分析；
- 像程式語言這樣的變數，屬於名目尺度，不能直接用統計迴歸技術進行分析。在這種情況下，需要引入虛擬變數（dummy variable）以充分掌握程式語言所有類別值之資訊，參見第 10 章。

單個屬性的測量：基本量

一個實體（包括實體物件或虛擬概念）的單個屬性或特性，通常用基本量（base Quantity）來測量。在科學與工程學中，計量學領域已經發展了好幾個世紀，以確保單個屬性測量結果的品質。

在 ISO 的國際計量詞彙表（international vocabulary of metrology, VIM）[ISO 2007b] 中，基本量的品質標準定義為：

- 準確度（accuracy）
- 精確度（precision）
- 重複性（repeatability）
- 再現性（reproducibility）

計量學領域也認知到測量結果總是帶有一定程度的不確定性，以及各式各樣的錯誤，諸如：

- 系統性錯誤
- 隨機錯誤

此外，計量學對國際測量標準校準器進行了研究，以保證測量結果在不同國家與不同背景的情況下也會是一致的：公斤、公尺、秒等。

設計合理的基本量之測量方法，有以下兩個重要特徵：

- 由**單一測量單位**表達；
- 不會在特定測量背景下解讀用此測量方法得到的數字，而是透過**國際標準校準器進行追溯**。

這樣做很明顯的好處是：

- 測量結果不只是在賦予其定義的這一小群人當中具有意義，基於國際標準的測量：
  - ▸ 允許跨團隊、跨組織和跨越時間進行有意義的比較；

▶ 提供客觀比較的基礎，包括對目標的比較；而個人定義的測量，則會阻礙跨團隊和跨組織的客觀比較，從而阻礙監督與客觀當責。

5.3 圖形化分析：一維

輸入值可以用表格呈現，表格中可以包含一些統計資料，像是**平均值**（average）、**中位數**（median）和**標準差**（standard deviation）。

不過，以圖形化來展示通常會更容易理解，不管是透過一維圖形或以雙坐標軸呈現的二維圖形。

一般來説，一維圖形分析可以為使用者提供所收集資料的直觀感受，每次一個資料欄位。

根據資料集的視覺化分析，基本上可以確定資料點的大致分布情況，如下：

● 資料區間：如最小值、最大值；
● 資料離散程度以及資料值在範圍區間內的密度：如資料點大量集中的區域、資料點分散的區域、沒有資料點的區域；
● 常態（高斯）分布：如偏度、峰度、常態檢定等；
● 一維角度下的可能離群值（outliner）；

表 5.1 展示了一組 21 個資料點的案例，功能規模用 COSMIC 功能點表示，工作量用 h 表示。在表 5.1 中，資料都放在一起，按專案編號順序排列，表格最底端則是簡單的匯總統計值。

● 平均功能規模：73 個 COSMIC 功能點（CFP）。
● 平均專案工作量：184 小時。

表 5.1 工作量和功能規模資料集（*N*=21）

資料項目編號	功能規模 - 自變數（CFP）	工作量 - 依變數（h）
1	216	88
2	618	956
3	89	148
4	3	66
5	3	83
6	7	34
7	21	96
8	25	84
9	42	31
10	46	409
11	2	30
12	2	140
13	67	308
14	173	244
15	25	188
16	1	34
17	1	73
18	1	27
19	8	91
20	19	13
21	157	724
總計（*N* = 21）	1,526	3,867
平均（N = 21）	**73**	**184**

　　圖 5.2 展示了 21 個專案的資料集，橫軸是功能規模（CFP），縱軸是工作量（h）。我們可以從圖中看到：

- x 軸上，大部分專案規模介於 0 ～ 200CFP，而有一個特別大的專案，規模超過 600CFP；
- y 軸上，大部分專案工作量介於 30 ～ 400h，而有兩個專案的工作量超過 700h。

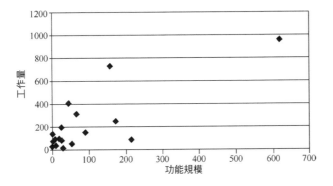

△ 圖 5.2 表 5.1 資料集的二維圖形

學習要點：一定要透過圖形化去理解資料。

5.4 輸入變數的分布分析

5.4.1
識別常態（高斯）分布

有一些統計技術要求輸入資料必須是常態分布（高斯分布，見圖 5.3），要求資料集的輸入變數分布必須經過驗證，以便判斷它們是否為常態分布。

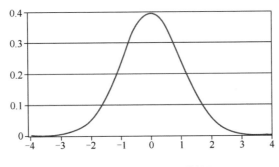

△ 圖 5.3 高斯（常態）分布的例子

- 軟體工程資料儲存庫通常包含大量的小型專案、少量的大型專案和超大型專案。這樣的資料集一般是不會出現常態分布的。

驗證一個資料變數是否為常態的檢驗有：

- 標準差
- 偏度和峰度（見 2.3 節）
- 常態分布和統計離群值

舉例來說，可以用偏度統計量（b1）和峰度統計量（b2）來檢驗一個分布是否是常態的。再進一步，可以用綜合檢驗（K2）檢測到與常態分布的偏差值（variation），不管是由偏度還是峰度所引起。其他在文獻中提到的檢驗包括：

- Grubbs 檢驗
- Kolmogorov–Smirnov 檢定
- Shapiro–Wilk 常態性檢驗（例如，當 W 遠小於 1 時，常態性假設不成立）

5.4.2 節將會在表 5.1 中展示，使用以上這些常態檢驗方法對兩個變數進行檢驗。

📌 非常態分布對於實務人員意味著什麼？

非常態分布並非代表所得到的迴歸模型是沒用的。

但是，它能夠讓實務人員明白，迴歸模型在變數的整個分布區間內不是具有同等代表性的。

當然，模型在資料點較多的區域更有代表性，而在資料點稀少的區域較不具備代表性。

如果是非常態分布的一組資料，在任何情況下都無法推測生產力模型在樣本點區域外仍然有效。

5.4.2
識別離群值：一維圖形

候選的離群值，即輸入樣本點中顯著偏離這組資料平均值的點，必須將它們篩選出來。

- 候選的離群值通常比離它最近的那個樣本點至少大一到兩個量級（order of magnitude）。
- 對那些統計學知識有限的人來說，從圖形中識別出候選的離群值通常會比從表格中（見表 5.1）識別來得更容易。

圖 5.4 和圖 5.5 展示的是規模自變數和工作量依變數的一維視圖，分別對應表 5.1 中的資料。

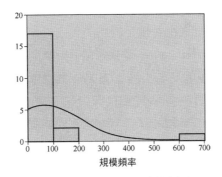

◐ 圖 5.4 規模（自變數）的頻率分布，資料來自表 5.1，N=21

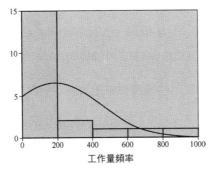

◐ 圖 5.5 工作量（依變數）的頻率分布，資料來自表 5.1，N=21

- 從圖 5.4 中可以觀察到：一個超過 600CFP 的專案與其他專案距離很遠（約比第二大的專案大了三倍）。
- 從圖 5.5 中可以觀察到：圖 5.5 中一個將近 1,000h 工作量的專案也與其他專案距離很遠，所以這個專案就是一個候選的離群值，需要透過適當的統計學檢驗來確認。

軟體業的資料集，其分布常常是向左傾斜（峰值右偏）：

- ▶ 通常有很多小型專案（不管是工作量還是規模方面），大型專案較少。
- ▶ 負值不管是對規模還是工作量來說都沒有實際意義（而且如果發現這種負值，基本上就表示資料品質較差）。

有了對候選離群值的直觀理解，下一步就是進行相關的統計學檢驗，來驗證它們是否真的是統計意義上的離群值。

- 格拉布斯檢驗（Grubbs test）可以用來分析離群值，它又稱為 ESD 方法（extreme studentized deviate）。
- 標準值（studentized value）測量每個值距離樣本平均值多少個標準差。
  - ▶ 當格拉布斯檢驗的 P 值小於 0.05 時，此樣本點就是一個顯著的離群值（顯著水準 5%）。
  - ▶ 當修正的 Z 值絕對值大於 3.5 時，也很可能就是離群值。

網路上有很多統計學工具可以做這些檢驗。諸如下方的例子：

- 格拉布斯檢驗工具的網址連結
  http://www.graphpad.com/quickcalcs/Grubbs1.cfm
- 線性最小平方迴歸法（linear least square regression）的網址連結
  http://www.shodor.org/unchem/math/lls/leastsq.html

當然，專業的統計學套裝軟體將提供更廣泛、更全面的選擇方案和幫助。

表 5.1 中的資料，做 Kolmogorov–Smirnov 檢定的話將會顯示：

- 規模變數不是常態分布，如圖 5.4 所示。
- 工作量變數不是常態分布，如圖 5.5 所示。

✦ 識別表 5.1 中的離群值

對表 5.1 和圖 5.4 中的資料進行格拉布斯檢驗，專案 2 的第一個變數—即**功能規模**，大小為 618CFP，明顯高於其他專案：它比平均值 73CFP 高出三個標準差。

當有充足的理由相信這樣的離群值不能代表所研究的資料時，應將其剔除。

當專案 2 被剔除後，根據 Kolmogorov–Smirnov 檢定法，可以再次驗證剩下 20 個專案的樣本規模為常態分布，其檢驗結果 P 值很顯著（高）。

對第二個變數即**工作量**進行格拉布斯檢驗顯示：專案 2（956h）和專案 21（724h）距離其他樣本點都非常遠：從表 5.1 和圖 5.5 中，可以測量出這兩個專案跟平均值 184h 的距離是兩倍西格瑪（變數的標準差），說明這兩個專案在本次輸入參數研究中可以視為離群值。

如表 5.2 所示，當我們排除這兩個離群值後，功能規模和工作量的平均值都明顯降低了：工作量平均值從 184h 降到 115h，功能規模平均值從 73CFP 降到 40CFP。

刪除這兩個離群值後，每個變數的樣本分布（N=19）都更接近常態分布，見表 5.3。根據 Kolmogorov–Smirnov 檢定：P 值不顯著（高）（這裡 P=0.16，高於臨界值 P<0.05），則我們可以假設變數是常態分布。

表 5.2 離群值的影響分析

統 計 值	工作量（h）	功能規模（CFP）
總計（N=21）	3,867	1,526
平均值（N=21）	184	73
總計（N=19）排除離群值專案 2 和專案 21	2,187	751
平均值（N=19）	115	40

表 5.3 常態分布的 Kolmogorov–Smirnov 檢定──排除離群值後的資料集：N=19

變　數	N	D	P
工作量	19	0.27	0.16
CFP 值	19	0.28	0.10

5.4.3
log 轉換

如果變數不服從常態分布，線性迴歸的基礎條件會比較薄弱，因此我們可以嘗試將資料集進行數學轉換。

- 通常會進行 log 轉換（log transform）來得到常態分布，不管是對規模還是工作量，或者兩者同時。

圖 5.6 展示的是一個初始呈楔形的專案工作量與相對應工期的資料集；圖 5.7 是兩個坐標軸都進行 log 轉換後的圖形 [Bourque et al. 2007]。

- 一方面，log 轉換經常會使資料轉變為常態分布，以便滿足迴歸模型的常態性假設，同時也可使得轉換後的資料與轉換前相比，有較高的迴歸模型決定係數（coefficient of determination, R^2）。
- 另一方面，隱藏在資料分布中的不足仍然存在，必須在實際分析和使用過程中考慮此類模型的品質隱憂。

對於軟體工程實務人員來說，這些轉換並不是十分有用：

- 原始資料集中的巨大資料缺口仍然存在，**log-log 式模型（像是非對數轉換的模型）並不會彌補上這個缺口。**
- 因此，不應該在自變數存在如此缺口的情況下，使用這樣的生產力模型來推斷依變數。

實際應用這些 log 估算模型得到的結果，需要把資料反轉換回它們原始的形式：實務上，軟體工程師和經理們是用小時、天或月來測量工作量的（而不是log 小時、log 天或 log 月）。

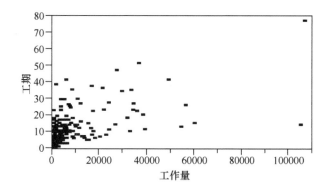

⬥ 圖 5.6 專案工作量和工期散布圖（*N*=312）

[Bourque 等 2007，經 Springer Science+Business Media B.V. 許可後引用]

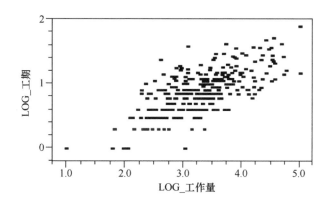

⬥ 圖 5.7 將圖 5.6 進行 log 轉換後的 log_ 工作量和 log_ 工期

[Bourque 等 2007，經 Springer Science+Business Media B.V. 許可後引用]

▸ 並且，與轉變為 log 形式後的資料相比，在資料沒有轉換之前，原始資料中真正的誤差大小是更容易理解的。

不論目的為何，當遇到 log 轉換的模型時，實務人員都應該關注模型的品質。

▸ 這種情況應該立刻保持警惕，log 形式的模型品質可能遠低於常規刻度的模型。

5.5 圖形分析：二維

多維圖形分析可以讓人直觀地瞭解到自變數和依變數的關係。圖 5.2 展示了 21 個專案的資料集關係圖，排除兩個離群值後的圖形則如圖 5.8 所示。

注意，兩個圖的坐標軸尺度不一樣。

- N=21 個專案的全資料集（見圖 5.2）：
  - ▸ 規模從 0 到 700CFP
  - ▸ 工作量從 0 到 1,200h
- N=19 排除離群值的資料（見圖 5.8）：
  - ▸ 規模從 0 到 250CFP
  - ▸ 工作量從 0 到 450h

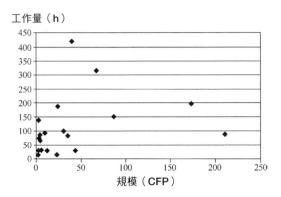

○ **圖 5.8** 排除了兩個離群值的資料集（*N*=19）

離群值的識別與影響：

- 從圖 5.8 中可知，刪除統計離群值後，迴歸模型的斜率有顯著改變。
- 如果刪除某離群值對斜率沒有影響，那它不一定是一個離群值。

其他的圖形分析可以根據開發過程中常見的各種概念來識別多個子模型，如第 2 章、第 10 章、第 12 章中的介紹。

- 依變數資料點的候選子集（不同的樣本），尤其是規模經濟和規模不經濟資料點的子集。
- 是否應該根據資料點密度把一個樣本劃分為兩個子集：
  - ▸ 某範圍內密度較大的樣本（通常是小規模至中規模的專案）
  - ▸ 在某個較大範圍內較為分散的大型專案樣本

這類的圖形分析方法，將會解釋在沒有數據點的區間內泛化（generalize）模型是否為明智之舉，如圖 5.9 所示：

- **大部分的資料點**都在 0 到 100CFP 規模區間內；
- 在 100 到 400CFP 中，**資料點較分散**；
- 在 400 到 600CFP 中，**沒有資料**；
- 在 600 到 800CFP 中，**資料點較分散**。

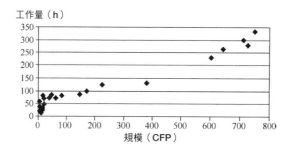

△ 圖 5.9 樣本較分散的規模區間（**250 - 600CFP**）的資料集

　　雖然可以使用第 2 章描述的經濟學概念構建一個包含所有資料點的單一生產力模型，當然也可以建立三個不同規模大小的模型，如圖 5.10 所示。

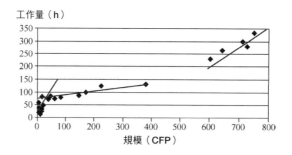

△ 圖 5.10 不同規模區間的生產力模型

▸ 對於小型專案（1～30CFP）：規模不經濟及可變的工作量；

▸ 對於中型專案（30～400CFP）：大規模經濟（固定的工作量，且隨著規模增加，工作量的增加幅度小）；

▸ 對於大型專案（600～800CFP）：部分規模經濟（固定的工作量，比中型專案大）。

★ 重點內容

在這個特殊的例子中，每個規模區間都沒有足夠的專案可以支撐模型是統計學上有意義的，但是透過圖形分析，並根據特定軟體組織的特點，可以解釋未來將有能力建立更精良的生產力模型。

5.6 經轉換公式得到的規模輸入

不管是各種文獻中提到的，還是來自於工具廠商的軟體估算模型和軟體工具，很多都是使用程式碼行數（LOC）作為輸入，並且先估算了程式碼行數。

隨著二十世紀 90 年代功能點（FP）方法的逐漸流行，出現了很多針對多種程式語言將 FP 轉換為 LOC 的轉換比率（conversion ratio），這些轉換比率可以將功能點用於舊的估算模型的輸入。網路上就可以查到這些轉換比率，而且使用起來也很簡單。

● 但是，這種快速簡便的方法真的能改進估算過程的品質嗎？

在實務上，不管是實務人員還是研究人員在做估算時，都需要極其小心地對待這些轉換係數，尤其是那些需要使用 LOC-FP 轉換比率的估算模型。

公開發表的轉換比率為某一個程式語言的程式碼行數對應的「平均」功能點。然而，如果不瞭解情況，使用平均值進行決策是很冒險的，應該要先瞭解前

文所提到的所有例子（包括樣本的規模、統計偏差、離群值、背景資訊等）。

圖 5.11 展示的是兩個平均值相同的常態分布，但它們的標準差有很大差別：

- A 分布的資料點分布在一個相當寬的跨度內。
- B 分布的平均值是相同的，但峰值高很多，這意味著大部分資料點都離平均值比較近：
  ‣ 如果用 B 分布計算轉換係數，那麼從程式碼行數轉換成功能點，其轉換係數背後的平均值只會引入很小的偏差。
    ▪ 相反地，用圖 5.11 中 A 分布的平均值計算轉換係數的話，引入的偏差會很大，這會導致不確定性增加（而不是減少），對於估算來說是很危險的。

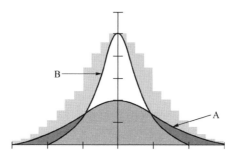

○ **圖 5.11** 平均值相同，但偏差顯著不同的兩條曲線

如果沒有樣本規模和偏差資料的資訊，這些公開發布的轉換係數**只不過是個數字，而沒有任何內在內涵**，也無法視為有價值的資訊來作為決策的依據。

📌 *適得其反：把程式碼行數轉換為功能點*

利用轉換係數用功能點來表達 LOC，根據業界的測量專家表示，這種做法通常會帶來反效果。

5.7 總結

目前為止，還沒有可靠、有記錄的統計研究是針對多程式語言從功能點轉換到 LOC。

- 這類轉換係數既然沒有文件記錄證據，就無法獲得來自專業人士的支持。

同時，由於部分資訊缺失，使用這種轉換係數就更加不可靠：

- 計算轉換係數的樣本規模是未知的；
- 公布的平均值之統計偏差是未知的；
- 資料集是否存在離群值是未知的；
- 公布的平均值中，沒有說明引起顯著偏差的潛在原因。

總結

基於以上原因，除非一個組織具備專業的統計分析師，且具有相關領域知識，有能力在進行決策分析中充分考慮到這些不確定的資訊，否則使用這些比率數值不但過於魯莽，而且風險極高。

進階閱讀：
測量和量化

（A）介紹

生產力模型在科學和工程領域的發展得益於以下兩個主要優勢：

- 投入了大量的時間、金錢和專業技術，透過實驗確保生產力模型的品質並且記錄其侷限性；
- 生產力模型設計過程是以堅實的測量概念、測量單位和測量工具為基礎。

相反地，在生產力模型建立過程中，軟體工程深受以下劣勢困擾：

- 軟體測量在收集實驗資料和專案資料時，在保障資料的準確度、重複性和再現性方面的基礎很薄弱；
- 沒有關注這些生產力模型中數字的屬性；
- 缺乏對生產力模型的實驗性驗證。
  - ▸ 提供給實務人員使用的模型通常沒有合理且有完整記錄的實驗資料。
    - ▪ 太多的模型都是基於個人意見和理論，而沒有經過量化和獨立驗證。

在進階閱讀部分，將介紹一些理解測量資料優缺點所需的關鍵概念，這裡提到的測量資料，即是作為生產力模型的輸入資料，詳細內容請見 *Software Metrics and Software Metrology* [Abran, 2010]。

（B）基本量和導出量

在國際單位制（international system quantities）中有七個基本量（base quantity），如下：

- 描述時間的秒（second）
- 描述長度的公尺（meter）
- 描述重量的公斤（kilogram）
- 描述電流的安培（ampere）
- 描述熱力學溫度的凱爾文（Kelvin）
- 描述發光強度的燭光（Candela）
- 描述物質的量的莫耳（Mole）

基本量不能用其他方式表達。

導出量（**derived quantity**）是基本量的組合，其定義依照慣例，是代表多個感興趣概念的組合。

我們可以觀察到，導出量有以下兩個很重要的特性：

- 它們以**多個測量單位的組合形式**表現；
- 透過一系列測量步驟得到的數值，並不是用於在某個特定的測量環境下解讀，而是要追溯到**基本測量單位**，而基本測量單位是用國際標準校準器得到的。

軟體工程師應該注意以下幾種情況：

- 沒有完備定義測量單位，例如循環複雜度的值（cyclomatic complexity number, CCN），在進行數學運算時會出現歧義（見 *Software Metrics and Software Metrology* 第 6 章，[Abran, 2010]）；
- 數學運算沒有考慮測量單位，例如 Halstead 的「工作量」矩陣（參考 *Software Metrics and Software Metrology* 第 7 章，[Abran, 2010]）。
- 軟體測量的設計包含了很多對非比例尺度類型資料的非數學運算測量，例如，用例點（use case point）（見 *Software Metrics an Software Metrology* 第 8 章，[Abran, 2010]）。

（C）「自我感覺良好」的校正與權重分配

在軟體測量方法和軟體生產力模型中，經常使用**調整因子**（adjustment factor）來合併與集成一系列概念。然而，反觀這些校正因子，它們既沒考慮測量單位，也沒考慮尺度類型，而是經常用「**點**」代指，例如物件點、用例點等。

「軟體測量值」或估算模型中的校正，一般由多個因子組成，有多種方法量化這些因子，也有多種辦法將多個因子合併為一個值來代表對整個估算方程式的校正量，通常是由實務人員或實務小組來制定這些校正。

從小組角度進行校正的一個例子，是在第一代功能規模方法中對規模進行校正，透過 14 個調整因子以及線性轉換對功能點來進行。選擇這個例子的原因是其結構引起很大變化，不僅是在功能測量方法上，也包括估算模型本身。

這種校正方案的設計上存在著很嚴重的方法缺陷，因為採用了不同的尺度類型來量化各個因子：

（A）這 14 個因子被分為五個等級：

- 當沒有某個因子時，等級為 0；
- 當某個因子達到最大值時，等級為 5；
- 還有其他準則來定義處於中間的 1、2、3、4 各個等級。

  這種從 0 到 5 的分類是一個**有序集**（ordered set），後一個值大於前一個值；但是，分類的間隔通常是：

- 每個因子內是不規則的；
- 14 個因子間皆不相同。

  因此，0、1、2、3、4、5 並不能作為比例尺度的數據資料，應當作為順序標籤（有序的尺度類型標籤）。

（B）在計算校正值的下一個步驟中，前一個步驟的各因子等級要乘以 0.1 的「影響程度」。這個步驟的設計又包含很多不正確和不可接受的操作：

    a. 14 個因子都有不同的定義和不同的區間範圍：沒有任何理由對 14 個因子都分配 0.1 的權重，同時它們在等級內的間隔也互不相同。

b. 相乘操作，通常數字至少要是比例尺度的等比數字。在這個案例裡顯然不是：前一個步驟得到的數值 0 ～ 5 並不是等比資料，僅僅是順序編號，沒有精確的量化含意；它們相加或者相乘在數學上都是無效的。

（C）在最後一個步驟中，將前面步驟 14 個因子得到的數字相加，並形成一個線性轉換，以容許未校正功能規模 ±35% 的影響。

儘管實務人員可能自我感覺很好，他們的規模或估算模型考慮了很多因素和特徵，這些校正的價值仍有可能是微乎其微的。

類似的測量方法中關於所謂「權重（weight）」的數學問題還有很多，對於這些問題的更進一步探討，請見 *Software Metrics and Software Metrology* 第 7 章，[Abran, 2010]。

（D）資料收集程序的驗證

只有完備的資料定義和充分的測量尺度類型是不夠的，每個組織還要有完善的資料收集流程來保證收集的資料是高品質的。為了達到這個目標，資料收集和估算過程的輸入應該記錄以下資訊：

- 每個資料點的原始資訊；
- 使用的測量方法和詳細的測量步驟；
- 具體背景和測量條件、資料收集情況；
- 每個輸入變數的資料收集過程中之潛在偏差；
- 每個輸入變數的誤差範圍說明。

★ *ISBSG* 的資料品質控制案例

請見第 8 章的 ISBSG 資料庫管理流程和相應資料欄位的例子，以確保資料收集的品質，以及對這些資料進行文獻分析。

練習

1. 建立生產力模型時，為什麼需要驗證所有的輸入資料？

2. 模型和技術能夠自己識別出低品質的輸入資料嗎？

3. 請舉出五個生產力模型輸入品質低的例子。

4. 請舉出兩個作為生產力模型輸入的自變數和依變數的例子。

5. 為什麼模型的輸入變數尺度類型非常重要？

6. 舉例說明對輸入變數尺度類型的不當使用。

7. 代表 CMMI® 成熟度等級的數字可以應用哪些數學運算？

8. 生產力模型是基於數字而產生並且會產出數字。在什麼情況下，你能夠將一個軟體生產力模型裡的數字相加及相乘？

9. 為什麼要在估算時使用國際標準測量輸入變數？

10. 請列出能夠改進生產力模型輸入品質的驗證步驟。

11. 怎樣檢驗樣本資料是一個常態分布？

12. 為什麼服從常態分布對模型來說很重要？

13. 一組資料中的統計離群值代表什麼？

14. 如何識別一組資料中的統計離群值？

15. 請簡要說明在實務上使用一個基於 log 轉換的模型有什麼風險。

16. 表 5.1 中的資料有沒有離群值？用圖形分析和統計學檢驗驗證你的判斷。

17. 使用程式語言的 LOC- 功能點轉換比率必須滿足哪些條件？

本章作業

1. 測量你正在進行的軟體專案之功能性規模。你的測量結果最可能的偏差範圍是多少？請闡述。

2. 檢視你的組織最近三個專案以及估算準備相關的文件。請對其所用估算模型（包括根據專家經驗的估算輸入）的輸入資料品質進行評價。你可以從中獲得哪些經驗？

3. 對軟體估算模型進行書面評審。你使用的測量單位都是根據國際標準定義的嗎？如果模型沒有使用標準測量單位，有什麼影響？

4. 從網路上找出三個公開發布的估算模型，記錄設計者提供的實驗基礎。你可以信任它們到什麼程度？向你的管理階層和客戶解釋你的觀點。再次回顧一下支持這個觀點的理由，並把它們歸類在工程角度或個人意見。

5. 上網找找關於從程式碼行數到功能點（或反過來）的轉換係數相關資料。它們記載了哪些品質資訊？如果把這些轉換係數引入你的估算模型，會產生多少不確定性？

練習：進階閱讀

1. 選擇一個軟體估算模型。模型要估算的依變數（例如，以小時為單位的工作量或以月為單位的工期）是否是由自變數（如成本因素）相加和相乘得到的？

2. 用例點的單位是什麼？其尺度類型為何？如果把用例點作為估算模型的輸入，有什麼影響？

3. 說出三個估算模型中的軟體規模單位。

作業：進階閱讀

1. 選擇兩個估算模型。識別每個模型的基本測量（或基本量）和導出測量（或導出量）。在這些模型中，如果導出測量不是國際標準測量會有什麼影響？如果使用不同的測量單位，會有什麼影響？

2. 所有軟體估算模型都使用了規模這個測量。選擇五個模型，列出它們所使用的軟體規模測量方法。如果換成了其他的軟體規模單位，對估算值有什麼影響？

3. 用數學公式表示重力加速度。請描述一下，要得到公式中各元素間的量化關係值需要多長時間或做多少實驗；在某特定環境下（例如在火箭發射時）如何測量各個元素，以便確定重力加速度。然後，使用你的組織中在用的軟體估算模型，參考之前對重力加速度公式的分析對此模型進行分析。

小規模研究的代表性有限，
因為這些研究的樣本量通常都很小。

CHAPTER

06

驗證生產力模型

學習目標

評價生產力模型的準則
對生產力模型的假設之驗證
模型建立者對模型的自我評價
獨立評價：小規模和大規模的再現研究

6.1 概述

本章將介紹一系列判斷生產力模型效能的準則，這些準則應記錄在案，作為判斷估算區間和模型本身的不確定性之依據。

為了便於理解，本章列舉的所有例子都是簡單的線性迴歸模型，只有一個自變數。但是，本章中討論的這些準則也同樣適用於非線性和多元迴歸的模型，它們都有多個自變數，詳見第 10 章。

本章的章節組織如下：

- 6.2 節介紹用來描述生產力模型變數之間關係的準則。
- 6.3 節展示如何驗證生產力模型裡的假設之相關例子。
- 6.4 節展示幾個由模型建造者自我驗證模型的幾個例子。
- 6.5 節展示已建立模型獨立評價的範例：大規模或小規模的再現研究。
- 6.6 節說明我們學到的經驗，尤其是規模範圍內特定模型的存在。

6.2 描述變數間關係的判定準則

構建生產力模型是為了表示依變數（例如專案工作量）與單一自變數或多個自變數（例如軟體規模、團隊規模、開發環境等）之間的關係。

本章中，我們將展示由 Conte et al. [1986] 推薦的準則，去分析根據某個資料集建立的生產力模型中變數之間的關係。

6.2.1
簡單的判定準則

決定係數（R2）

決定係數（cofficient of determination, R^2）描述的是根據自變數的變異來解釋依變數的變異之比例。

- 該係數取值介於 0 與 1 之間：
  - ▸ 當 R^2 接近 1，表示依變數的所有變化都可透過模型用自變數來解釋。
    - ▪ 即自變數與依變數之間是強烈相關的。
  - ▸ 當 R2 接近 0 時，表示依變數的變化無法透過模型用自變數來解釋。
    - ▪ 即自變數與依變數是沒有關係的。

估算誤差（E）

實際值減去依變數的估算值等於專案的生產力模型誤差。

- 例如，當依變數是專案工作量時，E（Error，誤差）是已完成專案的已知工作量（實際值）與模型計算的值（估計值）之間的差異。

$$誤差\ E = 實際值 - 估算值$$

相對誤差（RE）

相對誤差（relative error, RE）也能夠說明模型估算值與實際值的差異，以百分比表示。它既可能為正數也可能為負數，分別代表模型估算偏高或偏低。

$$相對誤差\ RE = \frac{實際值 - 估算值}{實際值}$$

相對誤差量（MRE）

相對誤差量（magnitude of the relative error, MRE）也代表模型估算值與實際值的差異，以百分比表示。

- 對於完美的估算，其 *MRE* 值為 0%。

$$相對誤差的絕對值\ MRE = |RE| = \left| \frac{實際 - 估算}{實際} \right|$$

$$平均相對誤差絕對值\ MMRE = \overline{MRE} = \frac{1}{n}\sum_{i=1}^{n} MRE_i$$

RE 和 MMRE 中的一些重點概念如圖 6.1 所示：

- 每一個星號都代表一個已完成專案的實際元組（規模、工作量）。
- 迴歸線（見圖 6.1 中的實線）代表根據實際結果得到的生產力模型（線性模型上的每個點都代表用橫軸規模代入模型估算出的工作量）。

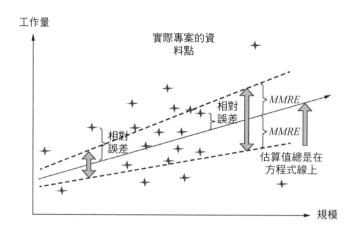

● 圖 6.1 平均相對誤差（**MMRE**）

- 相對誤差（實際值－估算值）是每個實際點到估算迴歸線的距離。
- MMRE 是相對誤差量的平均值，用虛線表示。
- MMRE 不代表估算誤差的極限，只是平均值，因此：
  ▸ 存在某些估算比 MMRE 更遠離實際值的情況；
  ▸ 也存在某些點比 MMRE 更接近估算迴歸線的情況。

模型預測水準

模型的預測水準（predicion level of the model），方程式為 $PRED(l) = \dfrac{k}{n}$，k 代表在 n 個規模樣本中 MRE $\leq l$ 的專案個數。

對於一個生產力模型，光是用建立此模型的資料集做出準確預測是不夠的，應該也要能夠用其他資料做出良好的預測結果（可預測性），而這取決於建立模型時所用樣本資料的數量和品質。要分析生產力模型的可預測性，必須用不同於此模型資料的專案來檢測它。

要進行可預測性分析，模型建立者通常會使用專案中的一大部分（例如 60% 的專案）來建模，然後用剩餘的專案測試模型的效能（用未參與建模的那 40% 專案）。還有一種方法叫作「留一交叉驗證」（leave-one-out）策略，模型根據 $n-1$ 個資料點建立，然後用剩下的那個點進行檢驗。這是一個反覆運算的過程，在每次反覆運算留下來的資料點都是不同的。

6.2.2
對判定準則取值的實務解釋

實務中，我們可以將模型視為是成功的，當它滿足如下要求：

（A）模型是依據高品質資料建立的。

（B）對統計模型所做的資料假設已被證實。

（C）模型的輸出結果充分說明實際結果，包括在所收集資料上下文環境中自變數和依變數之間關係的不確定性。

接下來的三個例子說明了在不同上下文中所期望的判定準則取值。

　　某組織的軟體開發流程已被評價為具有 CMMi®（capability maturity model integration，能力成熟度模型整合）高成熟度的能力（CMMI 4 級或 5 級）。專案資料來自同質環境，且流程定義者與流程執行者都具備相應的專業技能，建立的模型通常有一或兩個自變數（包括軟體規模），R^2 變數 ≥ 0.8 並且 $PRED$ (0.20)=0.80，表示在這樣的環境下，對於某一類專案來說，軟體規模通常能夠解釋工作量變化的絕大部分，而其他所有因素加總起來對於依變數的影響，都遠低於軟體規模對它的影響。

　　在範例 6.1 提到的組織中，存在另一個專案資料集，它使用全新技術且開發環境多樣。在這種情況下，估算模型的判定準則取值可能很低，例如 R^2 ≥ 0.5 且 $PRED$ (0.20)=0.50。這些值充分代表了這些創新專案的不確定性，有助於管理人員在這類創新專案中識別出應變計畫的適當等級。關於應變計畫的更多說明請參見第 3 章，包括進階閱讀章節。

　　某組織的軟體發展過程相當於 CMMi 評量表的 1 級，意味著它的開發過程是混亂的，沒有完善的組織流程支援，也沒有有效的專案管理手段。在這種開發環境下，專案通常充滿風險且無法預測。在這種環境下建立的估算模型包含一或兩個自變數，通常 R^2 非常低（例如 R^2 <0.5）。

- 如果在這種組織下建立的模型 R^2 非常高（ ≥ 0.8），我們應該對它抱持高度懷疑，需要交叉檢查輸入資料的品質是否不一致或存在誤差：
  - ▸ 資料集包括一個或多個離群值，經過統計分析這些離群值應該排除在外。
  - ▸ 有些資料點的來源可能不夠可靠。
  - ▸ 資料收集可能沒有按照正確的步驟執行。

★ 「好」模型是否存在？

在軟體文獻中，當一個模型 75% 觀察點的 MRE（平均相對誤差）都在 ±25% 之內，或者 PRED (25%)=75% [Conte et al., 1986] 時，通常就會認定它是好模型。

有時也會用到如下準則：

- *PRED* (20%) = 80%
- *PRED* (30%) = 70%

然而，這些臨界值是沒有理論基礎的：即使是上述值較低的生產力模型，也可以為組織提供開發過程的預期變化和偏差範圍的眾多資訊。

根據統計分析資料樣本所建立的生產力模型，如果輸入資料品質較高、滿足模型的假設、且模型可以正確描述所研究的變數之間關係以及不確定性時，就可以將它視為好的模型。

簡而言之，當模型提供的資訊是正確的，而不是提供某個數值或滿足某個臨界值時，便可以將該模型視作是一個好的模型。

6.2.3
更多高級判定準則

一些高級準則在 Conte *et al.* [1986] 中有提及，

均方根誤差（root of the mean square error）：

$$\text{RMS} = (\overline{\text{SE}})^{1/2} = \sqrt{\frac{1}{n}\sum_{i=1}^{n}(\text{Actual}_i - \text{Estimate}_i)^2}$$

相對均方根誤差（relative root of the mean square error）：

$$\text{RRMS} = \overline{\text{RMS}} = \frac{\text{RMS}}{\frac{1}{n}\sum\limits_{i=1}^{n}\text{Actual}_i}$$

統計參數 P 值（P-value）

模型中自變數的係數可以透過 P 值統計參數來判斷，P 值代表了模型係數的統計顯著性。

- 一般來說，P 值 <0.05 就會視為具有統計上的意義。

檢驗模型的顯著性（Significance）

這些檢驗與變數的顯著性有關。

- t- 檢定（T-test）：解釋了**某個自變數的係數**是否與 0 不同。
  - ▸ 經驗法則：如果 t 值超過 2，那麼係數就是有意義的。
- F 檢定（F-test）：對**模型整體**的顯著性進行檢驗。

殘差分析（Analysis of the Residuals）

為了評估模型的品質，可以再進行如下三種檢驗：

- 殘差是常態分布；
- 殘差與自變數沒有關係；
- 殘差的方差在依變數的範圍內是恒定的。

然而，單靠這些檢驗並不足以驗證模型，還需要確保輸入資料的高品質，同時必須滿足模型的假設，詳見 6.3 節。

雖然有時文獻中會使用這些判定準則，但在實際情況中卻很少使用。

6.3 驗證模型的假設

在很多關於估算模型的研究報告中，有些作者宣稱他們的模型可以滿足 6.2 節中提到的多個準則，可是這樣還不夠。為了確保模型有效，採用數學統計方法建立的模型必須符合基本的統計學假設，我們接下來會再深入探討。

6.3.1
通常需要的三個關鍵條件

使用簡單參數迴歸技術所構建的生產力模型，有下列要求：

- 輸入參數服從常態分布——詳見 5.4.1 節
  ▸ 包括依變數和自變數
- 沒有嚴重影響模型的離群值——詳見 5.4.2 節
- 有夠多的資料集來建立模型
  ▸ 通常模型中每個自變數都有 30 個資料點作支撐

必須同時滿足上述所有條件，才能讓用戶對統計工具輸出的檢驗結果有足夠信心，並且將迴歸技術生成的生產力模型之品質與有效性做更廣泛的應用。

模型建立者和使用者，在聲稱他們的模型具備「良好的預測性」之前，必須先確認已對這些條件進行驗證和記錄，且模型的建立過程符合最低要求。

- 如果沒有滿足這些前提條件，那麼模型建立者對模型的泛化就不夠穩健，用戶也不能完全依賴它們。

6.3.2
樣本規模

舉例來說，有意義的統計迴歸結果所需的樣本規模意味著：

- 當資料是隨機產生時，通常需要 30 個專案資料，才能為每個自變數參數的統計學檢驗建立合理的資料基礎；

- 當資料點很少時，也可以建立迴歸模型，但如果專案數少於 15 ～ 20 個，那麼建立者不能貿然地把它當作一個廣泛適用的模型，參見下方表格中國際軟體基準標準組（ISBSG）關於外部資料的樣本規模建議說明。

- 當然，只有 4 ～ 10 個資料點的模型應該視為不具有統計學意義（即使當判定準則取值較高時，也不表示有很強的統計效度）。

  ▸ 然而，這不代表這些模型毫無意義或提供的資訊對組織沒有用。恰恰相反，即使樣本量小，也可以為組織提供關於開發過程效能方面客觀、量化的參考，根據這些資訊合理預期後續專案的生產力效能表現。

    ▪ 在組織內部，這些資料點並不是隨機的，而是代表在資料收集這段時間以及這個背景下完成的專案。

  ▸ 當然，如果資料沒有這種特徵，這樣的小樣本量建立起來的模型就沒有普遍意義（也就是說，其結果很可能是沒有代表性的，即使是對於樣本本身的場景來說）。

✈ ISBSG 關於統計分析的樣本規模建議

「為了讓迴歸結果有意義，你必須有足夠多的資料。樣本規模最好不低於 30，不過 20 以上也可以提供合理的結果。」

「樣本規模小於 10 個專案的模型，得不出什麼有意義的結論。」

「迴歸分析還有一些其他限制條件，例如：資料必須是常態分布（一般情況都是樣本內大多數的值較小，只有少數資料值較大，很難呈常態分布）；不能出現扇形分布（點的輻射區域是隨著值的增加而擴大的）。軟體工程資料集經常不符合這些限制條件。」

「在進行迴歸分析之前，你需要仔細查看你的資料是否合適。更多資訊請參考任一本關於統計學的標準課本。」

來源：ISBSG 資料使用指南 [ISBSG 2009]。

接下來的章節將介紹迴歸模型的例子,符合或不符合以上的判定準則。

6.4 模型建立者對模型的自我評價

設計與發布模型的人員(模型建立者)通常應該會記錄模型的偏差範圍和不確定性程度。當模型的詳細資訊建檔記錄之後,我們就稱之為「白盒」模型,反之則稱為「黑盒」模型。黑盒模型中的資料、模型本身以及模型針對特定資料集的預測能力都不得而知。

範例 6.4

以功能點為基礎的模型和來自多個組織的資料集:

[Desharnais 1988] 對 82 個來自於多個組織的 MIS 專案之資料集進行了研究。

根據跨組織全部資料(82 個專案)所建立的生產力模型,功能規模的變化可以解釋專案工作量 50% 的變化,即 R^2=0.50。

將所有資料依據開發平台分組為更具同質性的樣本時,相應的生產力模型效能如下所述:

> ▸ 大型機平台有 47 個專案,R²=0.57;
> ▸ 中型機平台有 25 個專案,R²=0.39;
> ▸ PC 平台有 10 個專案,R²=0.13。

根據該資料集建立的生產力模型可以視為白盒模型,因為所有用於建立模型的詳細資料都已經記錄下來,且可用於獨立的再現研究(replication study)。

Abran 和 Robillard [1996] 在一份研究報告中對來自單一組織的 21 個 MIS 專案資料集進行了研究，資料顯示該組織的環境比較一致。當時該組織正在接受 SEI（software engineering institute，軟體工程學院）能力成熟度模型（CMM）3 級的評估（由一位合格的外部評估師所評估）。

在這種情況下，功能規模作為生產力模型的唯一自變數可以解釋專案工作量 81% 的變化（R^2=0.81）。

根據該資料集建立的生產力模型可以視為白盒模型，因為使用的所有資料都已經記錄下來，且可用於獨立的再現研究。

Stern [2009] 對五組資料集進行了研究，資料集包含 8 ～ 30 個不等的即時嵌入式軟體專案，這些專案是用 COSMIC 功能點進行測量的。每組資料都來自單一（但互不相同的）組織，每組資料都代表相對一致的開發環境。在圖形化的生產力模型中，功能規模作為唯一自變數可以解釋 68% ～ 93% 專案工作量的變化（R^2 從 0.68 到 0.93）。

6.5 已建好的模型——應該相信它們嗎？

6.5.1
獨立評價：小規模再現研究

在本書中，「白盒模型」（white-box model）指的是把估算輸入轉化為估算結果的模型，其內部結構是已知的且已建檔記錄下來，也就是說，對白盒模型的詳細方程式以及相關參數都有詳細描述，並且附帶建立這些方程式的來源資料集資訊。

相反地，「黑盒模型」（black-box model）指的是使用者和研究人員都無法

得知模型的內部結構,也沒有來源資料集的任何資訊。

　　無論這些模型是白盒模型還是黑盒模型,都應該用建立模型所用資料集以外的資料來對它們進行評價。

- 這種驗證可以解決模型使用者所擔心的一個關鍵問題:這些模型在其他環境的專案效能如何,尤其是在他們自己的專案中表現如何?

這類驗證通常是獨立於模型建立者而進行的:

- 由獨立的研究人員使用他們的經驗資料集進行處理;
- 由實務人員用自己組織中的歷史資料核對這些生產力模型的效能,將已完成專案的資料輸入到這些模型中來進行檢驗。

✦ 使用其他資料集進行檢驗

　　當然,這是判斷模型效能「好壞」的基本檢驗:任何人在使用模型之前都應該先用自己的資料集來驗證模型的效能。

　　一個來自 Kemerer 的研究,是對軟體模型進行小規模獨立評價的經典案例。在他的研究中,使用了來自多個組織的 15 個專案資料,對很多文獻中的模型進行了效能分析,包括 COCOMO 81、ESTIMAC 和 SLIM [Kemerer 1987]。

- 例如,中級 COCOMO 81 模型的 $R^2 = 0.60$,MRE 是 584%。
- 相較之下,Kemerer 用這 15 個專案資料集直接建立、以功能點為基礎的迴歸模型,其 $R^2 = 0.55$,而 MRE 是 103%。總之,直接用 Kemerer 資料集建立的模型比文獻中受測模型的估算偏差範圍要小很多。

✦ 關鍵經驗教訓總結

　　當你有足夠多的資料點時,建議你根據現有資料建立自己的生產力模型,而不是使用別人的模型。

> 根據多個組織的資料集建立的模型，偏差範圍可能很大。效能偏差較大的原因有很多：組織之間的實際效能差異、不同的限制條件、不同的非功能性需求等。

6.5.2
大規模再現研究

小規模研究的代表性有限，因為這些研究的樣本量通常都很小。

在 Abran Ndiaye 和 Bourque [2007] 的大規模再現研究中，使用了一個較大的資料集，包含 497 個專案，並按照程式語言進一步分組。這個大規模研究透過識別自變數的取值範圍、每個範圍內資料點個數以及離群值，來驗證迴歸模型的假設（即統計迴歸模型的驗證條件）。

然而，這個大規模研究只調查了 Kemerer [1987] 報告中提到的一個廠商的黑盒估算工具。

這個大規模再現研究包含以下兩個模型的效能報告：

- 來自工具廠商的黑盒模型
- 直接根據樣本生成的白盒模型

將黑盒模型和白盒模型進行對比，對比時使用了 RRMS（或 $\overline{RMS}$，數值愈低愈好）和 25% 的預測水準（PRED 25%，數值愈高愈好）。

結果如表 6.1 所示，是刪掉離群值（見 5.4 節）之後的樣本集。表 6.1 中的每一列標題代表每個樣本：

- 規模取值範圍為建立迴歸模型的範圍，即生產力模型在此範圍內有效。

舉例來說：

- 對於 Access 語言，樣本資料點在 200 ～ 800 功能點區間內；

- 對於 Oracle，樣本資料點在 100 ～ 2000 功能點區間內；
- 對於 C++ 語言，有兩個資料點區間，一個在 70 ～ 500 功能點區間，另一個在 750 ～ 1,250 功能點區間，兩個區間的生產力模型不同，且估算效能也不一樣。

（A）黑盒估算工具的估算性能

大多數程式語都有足夠多的資料點進行統計學分析，見表 6.1 第一欄和第三欄所示的黑盒估算工具：

- 第一欄估算誤差（RRMS）從最低 89% 的 Cobol II（80 ～ 180 功能點區間）到最高 1,653% 的 C（200 ～ 800 功能點區間）；兩者跟實際值相比要嘛估算過高，要嘛估算過低，而不僅僅是誤差的問題。
- 對於大多數樣本，沒有達到 PRED（25%）的估計（第三欄是 0%），而在 PL1 [550, 2550] 樣本中，最好的 PRED（25%）估算效能只有 20%。

這個大規模的再現研究證明了 Kemerer [1987] 在小規模研究中對該廠商估算工具的結論：在這兩個研究中（小規模和大規模），估算誤差都相當大，都有非常嚴重的估算偏高或估算偏低的情況，且在某種程度上而言是隨機的。

表 6.1　對比結果—RRMS 與 PRED (0.25)（刪去離群值）

樣本特徵：編碼語言，規模區間 [功能點]	RRMS		PRED（0.25）	
	（1）廠商的黑盒估算工具（%）	（2）直接根據資料建立的白盒模型（%）	（3）廠商的估算工具（%）	（4）直接根據資料建立的白盒模型（%）
Access [200,800]	341	**15**	**0**	**91**
C [200, 800]	**1,653**	50	11	22
C++ [70, 500]	97	86	8	25
C++ [750, 1250]	95	24	0	60
COBOL [60, 400]	400	42	7	43
COBOL [401, 3500]	348	51	16	35
COBOL II [80, 180]	**89**	29	0	78
COBOL II [180, 500]	109	46	17	33

樣本特徵：編碼語言，規模區間 [功能點]	RRMS		PRED（0.25）	
	（1）廠商的黑盒估算工具（%）	（2）直接根據資料建立的白盒模型（%）	（3）廠商的估算工具（%）	（4）直接根據資料建立的白盒模型（%）
Natural [20, 620]	243	50	10	27
Natural [621, 3500]	347	35	11	33
Oracle [100, 2000]	319	**120**	0	**21**
PL1 [80, 450]	274	45	5	42
PL1 [550, 2550]	895	21	**20**	60
Powerbuilder [60, 400]	95	29	0	58
SQL [280, 800]	136	81	0	27
SQL [801, 4500]	127	45	0	25
Telon [70, 650]	100	22	0	56
Visual Basic [30, 600]	122	54	0	42
最小值	**89**	**15**	**0**	**21**
最大值	**1,653**	120	20	91

註：經 Abran et al. 2007、經 John Wiley & Sons, Inc 許可後引用。

★ 記錄估算工具的效能

你會僅僅因為一輛車的外型好看就購買它嗎？難道你不會先查閱消費者對此車型的技術性能評價或者安全記錄？

網路上大多數的免費估算工具，以及一些廠商提供的黑盒估算工具，通常也不提供支援以下證據的文件說明：

- 這些模型在歷史資料方面的表現如何，採用本章中列舉的通用準則來判定
- 當應用於其他資料集時，實務人員應該有怎樣的預期

> ★ **你應該相信它們嗎？**
>
> 　　完全不能。即使你可能因為各種原因認為這些模型「感覺不錯」，但別忘了，你是要用來進行重大商業決策的！有沒有對這些模型追蹤記錄？它們本質上的不確定性程度為何？

（B）基於樣本資料建立的白盒模型之估算效能

如果你能取得相關資料來評價廠商提供的估算工具之效能，你也有資料去建立一個白盒的生產力模型，因此，可以直接將廠商的產品與你自己建立的模型進行比較，方式如下：

所有根據相同樣本以白盒方式建立的模型效能，如表 6.1 的第二欄和第四欄所示。總體來說：

- 這些白盒生產力模型從 *RRMS* 來看，其估算偏差遠遠低於相應的黑盒模型（第二欄），即從 Access 200 到 800 功能點區間的 15%，到 Oracle 100 ～ 2000 功能點區間的 120%。
  - ▶ 因此，白盒模型的估算誤差個數遠遠低於廠商估算工具的誤差個數。
- 對於第四欄的每個樣本，從 Oracle 100 ～ 2,000 功能點區間的 21% 到 Access 200 ～ 800 功能點區間的 91%，都在 PRED (0.25) 要求的誤差範圍之內。
  - ▶ 這意味著，白盒生產力模型效能比廠商的估算工具更好。

總括來說，對於研究報告中的所有程式語言及每個相應樣本規模區間內的專案來說：

- 相對於 Kemerer [1987] 和 Abran et al. [2007] 報告中提到的那些商業估算工具，實務人員對於白盒生產力模型提供的估算結果更有信心。
- 然而，他們也需要意識到，這些白盒生產力模型的效能預測，還沒有用其他的資料集進行過檢驗。（他們可以用 6.2.1 節末所提到的任何一種檢驗策略進行檢驗。）

6.6 經驗教訓：根據規模區間劃分的模型

在軟體工程中，通常的做法是建立一個模型，而不會考慮按自變數的規模區間分別建立模型，然而統計分析的最佳實踐並非如此。統計分析需要對模型的假設進行驗證，並且在區間內有足夠多的資料點可以解釋此驗證結果。

一個**常態分布**的專案資料集，通常如圖 6.2 所示：

- 信賴區間（confidence interval）通常是一個恒定的區間，它包括自變數的大部分資料點─在淺色箭頭之間。
- 但是變化的那個區間，如圖 6.2 中的深色箭頭，比多數資料點的範圍還大，還含有離群值。

不幸的是，在軟體工程中，一般的方法仍然是尋找單一模型，而忽略資料點的分布，也沒有考慮資料點在不同規模區間的密度。

- 生產力模型的使用者應該意識到：在所有模型中，不能假設信賴區間在多個區間範圍內或範圍外都是一樣的。

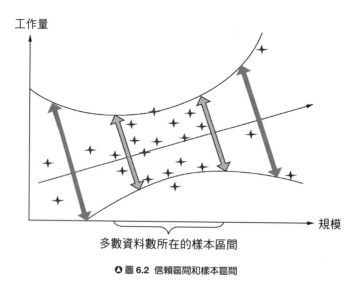

△ **圖 6.2** 信賴區間和樣本區間

構建模型有一個更加嚴謹的方法，就是將手邊的資料集按照不同的專案密度區間將它們區隔開來；參見以下這組示意資料，如表 6.2 和圖 6.3 所示。

表 6.2 示意資料集 N=34 個專案

序號	規模（CFP）	工作量（h）
1	15	15
2	18	13
3	22	35
4	25	30
5	25	38
6	33	43
7	37	35
8	39	32
9	40	55
10	50	55
11	55	35
12	63	90
13	66	65
14	70	44
15	80	79
16	83	88
17	85	95
18	85	110
19	93	120
20	97	100
21	140	130
22	135	145
23	200	240
24	234	300
25	300	245
26	390	350

序號	規模（CFP）	工作量（h）
27	450	375
28	500	390
29	510	320
30	540	320
31	580	400
32	1200	900
33	1300	950
34	1000	930

例如，在表 6.2 和圖 6.3 中，自變數 x 軸，即功能規模，有以下幾段：

- 22 個專案在 15 ～ 140CFP 規模區間；
- 9 個專案在 200 ～ 580CFP 規模區間；
- 3 個專案在 1,000 ～ 1,300CFP 規模區間。

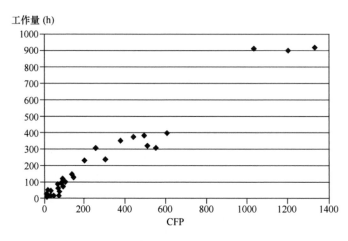

△ 圖 6.3 表 6.2 中 34 個專案的二維圖示

當然，可以根據這組資料集建立一個生產力模型，如圖 6.4 所示。

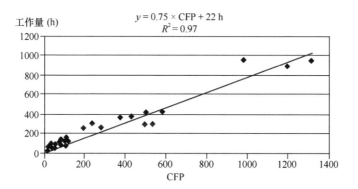

○ 圖 6.4 根據表 6.2（N=34）生成的單一線性迴歸模型

對於表中的所有專案，方程式如下：

$$（6-1）工作量 = 0.75 \times CFP + 22，R^2 為 0.97$$

看起來該方程有個相當不錯的 R^2，高達 0.97。

- 但是該方程式受三個大專案的影響很大，而多數專案的影響都較小，因此它並不能代表大多數專案。
- 同時，整組資料並不符合常態分布，因此，該迴歸統計學上的意義相對較為薄弱。
  - ▸ 相比之下，在前面提到兩個較小的規模區間範圍內，每一個都更接近於常態分布，當然，是在他們各自的區間內。

考慮到功能規模在整個範圍內的變化，比較好的方法是根據從圖中不同密度的資料點建立多個迴歸模型。

對於這個例子來說，在實務中，構建生產力模型較為嚴謹的方法是把資料集分為三個密度區間。

針對該資料集的建議，

- 建立兩個生產力模型：

- ▸ 一個是針對小型專案（見方程式 6-2），如圖 6.5 所示
- ▸ 一個是針對中型專案（見方程式 6-3），如圖 6.6 所示
- 考慮把三個最大的專案作為類比基準而不是統計基準會更合適，如圖 6.3 所示。

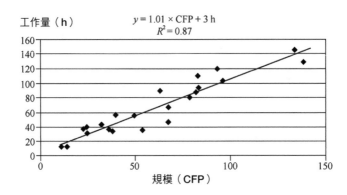

△ 圖 6.5 迴歸模型（15 ～ 150CFP，N=22）

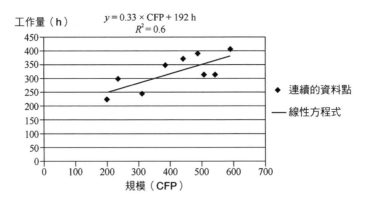

△ 圖 6.6 迴歸模型（200 ～ 600CFP，N=9）

對於小型專案（15 ～ 150CFP），方程式如下，如圖 6.5 所示。

$$（6-2）工作量 = 1.01 \times CFP + 3$$

其中，

- $R^2 = 0.87$；
- 固定成本低（3h）；
- 斜率接近 1，表明無法看出此範圍內的專案是規模經濟或規模不經濟。

對於中型專案（當然是在該資料集中），如圖 6.6 所示，方程式如下：

$$（6\text{-}3）工作量 = 0.33h / CFP \times CFP + 192h$$

其中，

- R2 為 0.6；
- 固定成本略高，為 192h；
- 斜率略低，為 0.33（這說明在 200 ～ 600CFP 區間的專案是規模經濟），而不是像上一組小專案那樣，有更陡的單位成本（1.01）。

請注意，在 200 ～ 600CFP 規模區間內，建立模型的資料點只有 9 個，從統計學角度來看，顯然是不夠的，也無法把該結論應用到其他環境中。但是，對於同樣背景、同樣規模區間的專案，這個模型仍是有意義的，可以用於估算。

舉例如下：

（A）對於估算一個規模為 50CFP 的小專案，方程式（6-2）更合適作為通用程式。

- 因為方程式（6-2）是專為小型專案建立的，因此對於待估算專案更為合適。
  - ▶ 且該方程式完全不受其他較大專案影響。

（B）對於估算一個規模為 500CFP 的中型專案，方程式（6-3）更合適作為通用程式。

- 因為方程式（6-3）是專為中型專案建立的，因此對於待估算專案更為合適。
  - ▶ 且該方程式不受小型專案和大型專案影響。
  - ▶ 但仍需保持警惕，因為在建立該區間生產力模型時，可用專案較少。

（C）如果要估算一個規模為 1,000CFP 的大型專案，使用三個點生成的方程式進行估算，是沒有任何統計學意義的。這三個資料點仍然可以用於類比，去估算規模區間為 1,000 ～ 1,400CFP 的專案。

（D）如果要估算有缺失資料那個區間的一個專案，例如在 600 ～ 1,000CFP 規模區間內，表 6.2 和圖 6.4 都沒有該區間內的資料點，也無法判斷該範圍內的點應該使用小專案方程式還是大專案方程式。當我們只看單一模型時，這種不確定性並不明顯，但是當樣本被分為多個密度區間時，就會很明顯，此時可以使用整體方程式：

$$（6\text{-}4）工作量 = 0.748 \times \text{CFP} + 22，R^2 為 0.97$$

6.6.1
實務上，哪個模型較好？

- 是 R^2 更高的模型比較好—R^2 為 0.97 ？
- 還是根據不同的規模區間分別建立的兩個子模型更好—R^2 分別為 0.6 和 0.87 ？

單一模型的 R^2 很高，為 0.97。

- 然而，由於它受到那三個最大專案的影響比較大，而大多數專案規模都比較小，所以它無法代表大多數專案。
  ▸ 因此，如果計算相對誤差量（*MRE*），那麼完整資料集所創建的模型之相對誤差量，將比使用不同規模區間子資料得到的模型要來得大。
- 再者，該整體模型並不符合常態分布，表示該迴歸結果的統計學意義相對較弱。

相反，兩個子規模區間的模型，自變數規模在各自區間內更趨於常態分布。

6.7 總結

　　透過以上闡述的資料集，整體模型雖然 R^2（0.97）較高，但並非是最好的模型：因為它的構建過程不理想，不瞭解情況的使用者可能會高估了模型的效能。

1. 請列舉出五條驗證一個模型效能所需的準則。

2. 如果 R^2 為 1，代表什麼？

3. *MMRE* 是什麼？

4. *PRED* (10)=70%，代表什麼？

5. 確保正確使用統計迴歸技術的三個條件是什麼？

6. 對於簡單迴歸技術，建議的資料集樣本數是多少？

7. 這是否意味著如果你的樣本很少，使用這些資料建立的生產力模型無意義？請討論。

8. 瞭解你的公司專案資料庫中平均的軟體專案生產力比率。平均生產力比率的偏差範圍是多少？你應該使用什麼準則？

9. 查看模型作者或者工具廠商在向實務人員提供生產力模型之前，是否對模型品質進行了記錄。請對你的發現進行評價。這對於你的組織短期影響是什麼？長期影響又是如何？

10. 什麼是再現研究？請闡述。要如何執行再現研究？

11. 表 6.1 對兩個估算模型進行了比較。對於使用 Visual Basic 的專案，你比較相信哪個模型？根據什麼樣的觀點？

12. 如果你想使用（或計畫使用）一個以統計方法建立的生產力模型，你應該確認哪些方面？

13. 如果你的模型其中一個成本因素的資料點不服從常態分布，在分析使用這些資料建立的生產力模型品質時，要如何檢驗此因素？

14. 請用外行的語言，向你的專案管理團隊描述迴歸係數 R^2 的實際意義，並解釋當依據生產力模型（根據你們組織的資料或根據外部儲存庫建立的）確定專案預算時，該係數對他們有什麼影響？

15. 用表 6.2 和圖 6.3 中的資料，向你的經理解釋為什麼最好建立兩到三個生產力模型，而不是一個生產力模型。

本章作業

1. 把表 6.2 中專案 10 的工作量乘以 3，對迴歸模型有什麼影響？把專案 31 的工作量乘以 3，對迴歸模型的影響又是什麼？請解釋以上兩種改變對迴歸模型品質的影響。

2. 請從網路上選一個免費的估算模型，並使用手頭的資料集（可以是你們組織的資料、文獻中的資料或 ISBSG 儲存庫中的資料）對它進行檢驗。請使用 4.1 節的準則對該模型品質進行評價。

3. 通常，在統計研究中，對於每一個變數，你需要 20 ～ 30 個資料點。請找到一個關於軟體生產率或生產力模型的研究，並根據這些模型背後的資料點以及考慮的成本因素量，討論統計結果的顯著性。

如果不瞭解相關的誤差，
那麼測量可能會毫無意義。

對調整階段的驗證

學習目標

在估算的決策過程中調整階段的作用。

將調整動作與生產力模型綁定的一些現行做法。

誤差範圍未知的一系列含有成本動因的估算子模型。

模型誤差傳播帶來的影響。

7.1 概述

在進行估算時，軟體專案經理會盡量考量很多調整因子（通常稱為工作量或成本動因），期望每一個成本動因都能在工作量和成本的量化關係中起到作用。這種調整因子可以是：

- 員工的軟體開發經驗；
- 員工在特定程式語言方面的經驗；
- 資料庫環境；
- 設計和測試支援工具的使用；

而這可能會帶來一些挑戰，像是：

- 如何量化這些成本動因？
- 每個成本動因的影響有多大？
- 在特定環境下，哪些成本動因最重要？
- 這些成本動因對估算模型的實際貢獻有多少？
- 按照現行做法把這些成本動因考慮在內，真的會降低估算風險並且提升估算準確性嗎？

在軟體工程領域，關於這些成本動因影響的研究並不多，現有的研究通常是根據小樣本進行的研究，不具有統計顯著性。因此，將這些結果重複用在其他環境中，可信度是較低的（在一個不甚理想的實驗條件下所做的有限實驗，不具有一般意義）。

本章內容組織如下：

- 7.2 節介紹調整階段對於整體估算過程決策上的貢獻。
- 7.3 節檢視將調整動作與估算模型綁定的一些現行做法，透過將成本動因分類以及預期的影響因素來進行。
- 7.4 節討論在已知不確定性及誤差範圍未知的情況下，成本動因對於估算子模型有何影響。
- 7.5 節描述模型不確定性和誤差傳播如何產生影響。

7.2 估算過程的調整階段

7.2.1
調整估算範圍

如 4.4 節所述，調整階段的目的（見圖 4.5，在圖 7.1 中再次展示）是為了在估算過程中考慮下列因素：

- 根據歷史資料建立的統計學模型中，沒有明確作為自變數的那些工作量和成本動因
- 估算過程輸入資訊的不確定性
- 專案假設
- 專案風險

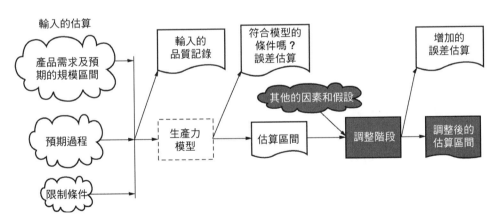

○ 圖 7.1 估算調整階段

這個步驟的預期效果是要獲得更準確的估算。然而，正如我們在第 5 章關於模型品質的介紹所述，當估算過程本身包含了需要識別估算值的候選區間時，對於準確性的期望往往會不切實際。同時，如同我們在第 3 章所說的，選擇一個

值作為專案預算並制定相應的應變措施，是高層經理的職責，因為在大多數情況下，所選的預算值與專案實際預算相符的機率是非常小的。

在調整過程中，我們不能理所當然地以為透過調整就可以自動縮小估算值範圍，也就是說，與調整前的生產力模型初始 MMRE（圖 7.2 中**較長箭頭**所表示外側兩條線間的範圍）相比，調整後 MMRE 會變小（如圖 7.2 所示，**兩條虛線**間的距離）。

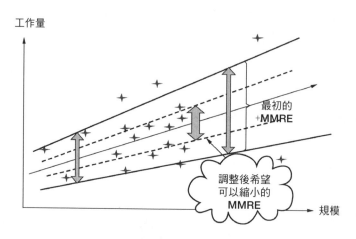

△ 圖 7.2 調整過程對估算值的預期影響

然而，這並不是調整階段唯一可能的結果。當調整過程識別出其他的不確定性和風險因素且負面影響很大時，可能導致 *MMRE* 變大 —— 見圖 7.3：較大的 *MMRE*（長箭頭）與模型初始的 *MMRE*（短箭頭）相比。

我們應該考慮以下問題：

（A）一個生產力模型的初始 *MMRE* 是依據沒有不確定性的已完成專案計算得來的；

（B）在估算階段，通常資訊不完整並且有很多的不確定性和風險。

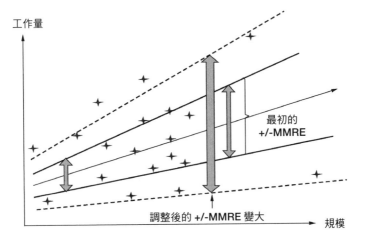

工作量

最初的
+/-MMRE

調整後的 +/-MMRE 變大

規模

△ 圖 7.3 調整過程對估算值的進一步影響

很有可能實際得到的估算範圍比較大（見圖 7.3），而不是**期望的**（但不現實）較小範圍（見圖 7.2）。

本章將對上述現象進行詳細討論。

7.2.2
決策過程中的調整階段：為管理者識別情境

根據估算人員提供的資料，管理層的責任是制定以下三種決策，考慮各種可能的輸出結果：

1. 為專案經理分配一個預算；
2. 為專案組合分配一定的應變資金；
3. 預期上限（此數值應包括專案預算和應變準備金在內，以及一個機率分布）。

圖 7.4 所示的是一個樂觀情境，通常配備的應變資金較多；圖 7.5 所示的則是一個悲觀情境，配備的應變資金較少，這種情境較常見。

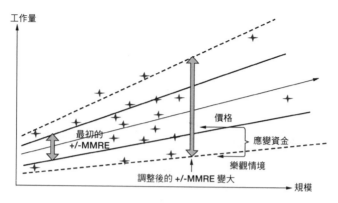

● 圖 7.4 專案預算 + 應變資金 = 樂觀情境的價格

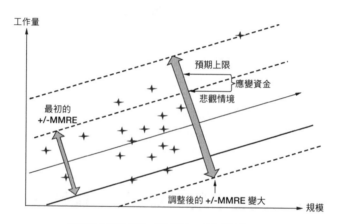

● 圖 7.5 專案預算 + 應變資金 = 悲觀情境的價格

7.3 實際做法中的綁定方法

7.3.1
方法概述

數十年來的研究發現，規模並不是唯一的影響因素，有很多其他因素會影響

到專案的工作量。不過，也有很多傳統技術可以用來建立生產力模型，這些技術可以同時處理多個自變數以及非定量的變數。部分技術將在第 10 章中介紹。

然而在實務上，許多統計技術已經被替換為在軟體估算過程中綁定所有因素的方法。在本節中，我們將介紹這種常見的「技藝式」實務做法。

這種方法可以總結成一張圖，如圖 7.6 所示。原本應該分成多個步驟執行、每一個步驟都做品質分析的過程，整合成單一步驟與一個模型，且沒有任何關於估算誤差的分析報告。一般情況下，此綁定模型的輸出結果不是單一估算值就是多個估算值、每個值對應一個情境（樂觀、最可能、悲觀）。

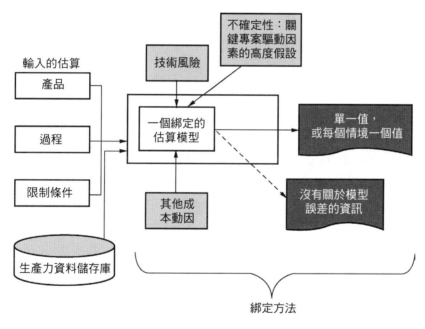

◑ 圖 7.6 估算──綁定方法

注意，圖 7.6 所示的捆綁估算模型，可能是黑盒數學模型，也可能是白盒數學模型，或者更有可能是完全依據專家經驗判斷的方法，稱為專家判斷估算過程。

7.3.2
合併現有模型多個成本動因的具體做法

我們要如何同時考慮多個估算模型中成本動因的影響呢？

- 首先，將一個成本估算模型中所有成本動因的影響加總起來：

$$所有成本動因的影響 = \sum_{i}^{n} PF_i$$

其次，將所有成本動因的影響與選定的規模與工作量關係方程式（估算模型）相乘，得到最終的工作量。

$$工作量 = a \times 規模 \times (\sum_{i}^{n} PF_i) + b$$

7.3.3
選擇並歸類每一個調整因子：
將成本動因從名目尺度轉換為數值

在軟體工程中，要跳過前文所述的限制條件，傳統方法就是將選定的成本動因根據「經驗判斷」進行分類——類別可以是本地定義或通用定義。

在很多現行的估算模型中，常見的做法如下。

1. 描述並找出成本因素的特性，例如，重用和效能。在這個階段，只能對這些成本動因進行「命名」，這表示它們是屬於**名目尺度**的類型。
2. 把這些用名目尺度測量所得的變數使用順序尺度（ordinal scale）來得到有意義的順序，例如，從很低到非常高，見表 7.1：
   - 這些類別是根據有序等級區間的個別描述分類的。
   - 這些類別區間一般從**很低**（代表該成本動因的影響基本上不存在）到**很高**（代表該成本動因的影響是普遍存在的）。
   - 在這種分類的中間位置，通常會有一個**名目**類別，它是**中立**的，對

生產率不會構成影響。

- 對於一個成本動因來說，這些有序類別的範圍不一定是相等的，也就是說，每個類別的間隔未必一致。

表 7.1　成本動因分類的例子

影響工作量的 成本動因	很低	低	無影響	高	很高	非常高
專案管理經驗	沒有	1-4 年	5-10 年	11-15 年	16-25 年	25 年以上
重用	沒有	0 - 19%	20% - 30%	31% - 50%	50% - 80%	80% 以上

備註：這些成本動因類別（例如，從很低到非常高，見表 7.1），都是有序類別（有等級區分），每個類別都比前一個高，但是它們無法累加或相乘。

- 這些排序的類別不需要與另一個有相同順序類別的間隔大小相等。
- 組織通常會為每個類別定義各種判斷準則，以降低將成本動因歸類時的主觀性（例如，專案管理經驗的歸類可以按年限分）。
- 這些不規律的區間在不同類別中也是不同的。

3. 接下來為成本動因的每一個類別指定一個影響因素：
- 影響因素通常用影響工作量的百分比表示，以中立位置的無影響為基準（在中立位置左邊對工作量的影響呈遞增，位於中立位置右邊則是對工作量的影響呈遞減，見表 7.2），例如：

表 7.2　專家判斷對工作量因素的影響

影響工作量的因素	很低	低	無影響	高	很高	非常高
F1：專案管理經驗	+15%	+5%	1	–5%	–10%	–20%
F2：重用	+20%	+5%	1	–10%	–20%	–40%

- ▸ 對於專案管理經驗較低的專案經理（在此為因素 F_1），專家認為會對生產率造成 5% 的損失（專案工作量增加 5%）；
- ▸ 對於專案管理經驗級別為非常高的專案經理（超過 25 年經驗），其對應的生產率提升 20%。

為各個因素指定數值的整個過程無法量化因素本身，只是把該因素對成本的影響進行量化，這些數值實際上對應的是（生產力）比率。

7.4 成本動因作為估算子模型

7.4.1
成本動因作為階梯函數

這些比率是否是在完善記錄和控制下試驗得到的數據，就像科學和工程界的通行做法一樣？

但我們需要注意的是，這些成本動因（見表 7.2 中的 F_1 和 F_2）已經不是估算模型的直接輸入了：

- 每個成本動因都對應一個階梯式的生產力函數，如圖 7.7 所示的成本動因 F_1，即專案管理經驗。

圖 7.7 所示的階梯函數（step function）估算模型，具有**相等的區間** PF_i，五個區間分類如橫軸所示，對生產力影響的百分比表示在縱軸上。

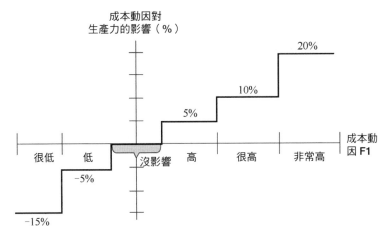

▲ 圖 7.7 階梯函數式估算模型──具有相等的區間

然而，實務上，大部分區間都是不規則的，如圖 7.8 所示。

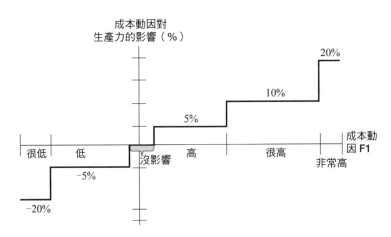

▲ 圖 7.8 階梯函數式估算模型──具有不規則的區間

7.4.2
偏差範圍未知的階梯函數估算子模型

　　圖 7.7 和圖 7.8 所示的階梯式生產力模型包括六個明確的值，其範圍從 −5% 到 +20%。

　　然而，在一個具體的估算環境中，有兩個原因導致階梯式估算模型不準確，如圖 7.9 中的箭頭所示，箭頭貫穿了區間內相鄰的兩個比率：

1. 某成本動因的一個特定值，可以處於該類別區間內任意位置。
2. 期望一個區間內的工作量影響程度相同，是不合理的期待心理，因為階梯函數是對於生產率的粗略近似，不管是在該區間內還是所有其他類別的區間，如圖 7.9 所示。

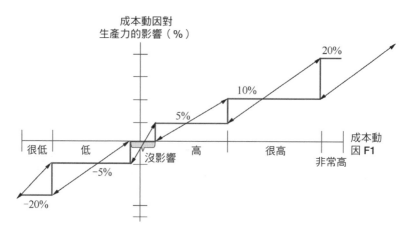

▲ 圖 7.9 具有不規則區間的階梯函數估算模型的近似過程

綜上所述，我們可以得到下列結論：

- 圖 7.8 是一種表示階梯函數估算模型的方法，該模型對應一個成本動因、五個類別等級以及不規則的區間間隔。
- 圖 7.9 表示在這些階梯式模型中隱含的近似過程。
- 當一個估算模型含有 20 個用這種方法定義的成本動因時，這個模型就隱

含了 20 個估算子模型，雖然每一個子模型僅被列為一個成本動因。

- 由於這些階梯式生產力估算子模型是由模型設計者給定的，因此它們不能作為統計技術中的自變數，而是作為估算模型的調整部分。

- 根據本書的目的，我們把這些調整稱為**衍生輸入**（derived input）——因為他們是估算模型的設計者引入的——而不是直接輸入；後者是由模型使用者每次進行估算時自己代入的。

這意味著什麼？

這意味著待估算專案的每個成本動因的取值並不是估算模型的直接輸入：

- 而是多個估算的子模型。
  - ▸ 它們是根據某個不準確的分類過程，從一個有序分類中選擇出非直接或衍生輸入。
    - ▪ 也就是説，它們的分類等級會從很低到非常高。
  - ▸ 該轉換過程的輸出是一個常量。
    - ▪ 即最終選擇了一個單點值。
  - ▸ 這種轉換並無有記錄的實驗過程作為基礎。
    - ▪ 只是一個人或一個小組的主觀判斷。
  - ▸ 這種轉換的誤差範圍是不清楚的，而且也沒有在整個估算模型的誤差分析中把它的誤差考慮進去。

✦ 估算模型的衍生輸入：「自我感覺良好」的 模型

使用這種技術建立的估算模型，大多數輸入都是沒有記錄的。因此，沒有分析過模型本身的出發點，對模型知之甚少，也沒有任何經驗方面的資料記錄。

換句話說：

- ▪ 估算模型的品質是未知的；
- ▪ 把這些子模型作為模型的輸入，讓模型本身的基礎顯得相當薄弱。

因此，很多的成本動因會導致模型使用者對模型過於有信心，認為模型把如此之多的成本動因考慮在內，品質一定很好，事實上根本不是！

真正的問題應該是：我們真的有充分考慮這些成本動因嗎？

最後的結果很可能會是，隨著成本動因的增加，反而引入了更多的不確定性、而不是減少。

7.5 不確定性和誤差傳播[12]

7.5.1
數學公式中的誤差傳播

在科學研究界的術語，「不確定性」和「誤差」並非指的是錯誤，而是指所有量測資料和模型中固有的不確定性，且這種不確定性是無法完全消除的。

測量人員和估算人員應該投入一部分精力來研究並理解這些不確定性（誤差分析），從而在對變數的 n 次觀察中得出適當的結論。

- 如果不瞭解相關的誤差，那麼測量可能會毫無意義。

在科學和工程領域，沒有附帶誤差的估算資料不僅值得懷疑，而且很可能是無用的。

---

12 原註：詳見 Santillo（2006）軟體測量與估算中的誤差傳播，軟體測量國際研討會 IWSM-Metrikom 2006, Postdam, Shaker Verlag, Germany.

- 這在軟體工程也適用：對於每一個量測資料和模型，應該對其固有的不確定性進行分析、記錄並加以考慮。

在本節中，我們將討論在應用某些公式（演算法）來推導出其他物理量時，其中附帶**不可避免**的誤差會有哪些影響，在生產力模型中也是如此。在科學領域中，這種分析通常稱為誤差傳播（error propagation）或不確定性的傳播。

在這裡，我們將會介紹當使用數學公式推導其他物理量時，參與計算的多個基本量原本的不確定性，會如何導致導出量的不確定性增加。

當一個物理量是從多個基本量測量衍生得來的，且測量的基本量是各自獨立（即它們對目標量的貢獻是不相關的），每個貢獻因素的不確定性（δ）便可以是獨立的。

例如，假設對於下墜質量，測量了時間 $t \pm \delta t$ 以及高度 $h \pm \delta h$（δ 代表時間 t 和高度 h 中相對較小的不確定性），量測結果如下：

$$h = 5.32 \pm 0.02 \text{cm}$$
$$t = 0.103 \pm 0.001 \text{s}$$

從物理學上，我們知道重力加速度的計算公式為：

$$g = g(h,t) = 2h/t^2$$

把 h 和 t 的量測結果代入上述方程式，可得：

$$g = 10.029... \text{ m/s}^2$$

從物理學角度，重力加速度是：

$$g = 9.80665... \text{ m/s}^2$$

要探究由 h 和 t 的不確定性引起的衍生值 g 的不確定性，需要個別考慮 h 的不確定性以及由 t 的不確定性造成的影響，並根據下列公式合併：

$$\delta_g = \sqrt{\delta_{g_t}^2 + \delta_{g_h}^2}$$

在該公式中，t 的不確定性造成的影響是由符號 δ_{g_t} 表示（讀作「delta-g-t」，或「由於 t 導致 g 的不確定性」）。

- 再加上 δ_{g_t} 的平方是根據這樣的假設：量測的物理量之平均值是常態分布或高斯分布。

總而言之，當重力 g 的公式得出一個單點精確值時，實際上該公式得出的量測不確定性，大於單獨對時間 t 和高度 h 量測的不確定性。

表 7.3 顯示了由自變數 A、B、C 所產生的簡單數學函數之不確定性，以及變數各自的不確定性 $\triangle A$、$\triangle B$ 和 $\triangle C$，還有一個已知的精確常數 c。

表 7.3　一些簡單數學公式的不確定性函數

數學公式	不確定性函數
$X = A \pm B$	$(\triangle X)^2 = (\triangle A)^2 + (\triangle B)^2$
$X = cA$	$\triangle X = c \triangle A$
$X = c(A \times B)$ or $X = c(A / B)$	$(\triangle X / X)^2 = (\triangle A / A)^2 + (\triangle B / B)^2$
$X = cAn$	$\triangle X / X = |n|(\triangle A / A)$
$X = \ln(cA)$	$\triangle X = \triangle A / A$
$X = \exp(A)$	$\triangle X / X = \triangle A$

7.5.2
模型中誤差傳播的相關性

實務上，我們通常不會在初期階段就充分定義軟體專案的範圍。原因如下：

- 主要的成本動因，即專案規模，無法在專案初期準確知道，此時的軟體估算是最有價值的；
- 雖然不同的規模估算值會得到不同的工作量估算結果，只是單憑此估算，也無法證明得出的單點估算值準確度究竟有多高。

因此，如果不考慮估算值（期望值）與實際值的偏差，便無法真正地使用模型。

此外，當使用基本量測量結果計算得到衍生的數值時，我們必須考慮基本量測量結果的一個（微小）誤差對衍生值的影響，這取決於計算出衍生值的演算法或公式。

對誤差傳播的考量是評價和選擇軟體估算方法的重要環節。

- 對任何模型和方法的誤差傳播及整體準確度進行客觀分析之後，模型所宣稱的品質和優點都可能有所提升或者是縮減。
- 誤差傳播為模型選擇過程提供了一些有用的資訊，不論是從理論層面（方法或模型的形成）還是實際層面（實際應用的例子）來看皆是如此。

下頁的進階閱讀給出了兩個誤差傳播的例子：

範例 7.1 是指數形式模型中的誤差傳播。

範例 7.2 是將多個成本動因捆綁為一個調整值的誤差傳播。

所以，在涵蓋所有成本動因的公式，與這些公式實際使用時存在一定程度誤差，模型設計者應該要在這兩者之間找到一個平衡點。

例如，在某些情況下，我們必須在以下幾個選項中進行決策：

- 接受模型中每個成本動因的測量值；
- 改進測量精確度（可能的話，盡量減少誤差）；
- 在整個模型中避免使用某些因素，因為它們對估算值的總體不確定性可能造成令人無法接受的後果。

進階閱讀 [13]

指數形式的模型及其誤差。為了得到軟體專案的開發工作量，所使用的模型指數形式為：

$$y = A \cdot x^B$$

- 其中，y 代表預期的工作量，以人時表示
- x 是待開發軟體的規模
- 因素 A 和 B 根據歷史樣本進行統計迴歸而確定

需要注意的是，雖然模型中的部分參數是由統計方式計算得到的固定值，但不代表這些值就是準確的。

▶ 它們的關聯誤差可以從擬合函數（fitting function）y 的統計學樣本之標準差中獲得。

要想評估 y 的偏差，需要對參數 A、參數 B 和自變數 x 的偏差計算偏微分（partial derivative）。

$$\frac{\partial}{\partial x}(A \cdot x^B) = A \cdot B \cdot x^{B-1}, \quad \frac{\partial}{\partial A}(A \cdot x^B) = x^B, \quad \frac{\partial}{\partial B}(A \cdot x^B) = A \cdot x^B \cdot \ln x$$

- 假設一個專案的大概規模為 1,000 ± 200CFP，或者說有 20% 的不確定性。
- 假設方程式的參數 A 和參數 B 誤差範圍是 10 ± 1 和 1.10 ± 0.01，各自以恰當的測量單位表示。

---

13 原註：來源為 Santillo（2006）軟體測量與估算中的誤差傳播，軟體測量國際研討會—IWSM-Metrikom 2006, Postdam, Shaker Verlag, Germany。

收集所有資料並把誤差傳設為 Δy ，我們得到如下方程式：

$$y = A \cdot x^B = 10 \cdot 1,000^{1.10} = 19,952.6 \, (\text{人時})$$

$$\delta y = \sqrt{[(A \cdot B \cdot x^{B-1})\delta x]^2 + [(x^B)\delta A]^2 + [(A \cdot x^B \cdot \ln x)\delta B]^2}$$

$$= \sqrt{[21.948 \times 200]^2 + [1,995.262 \times 1]^2 + [137,827.838 \times 0.01]^2}$$

$$= 5,015.9 \, (\text{人時})$$

只取誤差的第一位有效數字，我們得到關於 y 的下列數值：

- 估算的範圍是 20,000 ± 5,000，或者說，
  - ▸ 25% 的不確定性

需要注意的是，y 的誤差傳播占比並不僅僅是 A、B 和 x 的誤差占比之總和，因為該例子中的函數並不是線性。

範例 7.3

　　多個調整因素以相乘的形式綁定在一起。在軟體工程中的估算模型，通常是由一系列（各自獨立的）成本動因 C_y 進行調整得到的，它們以相乘的形式捆綁在一起。

　　即使如此，為了簡便起見，假設這些成本動因在實際應用中是離散的，也可以把它們看作連續變數資料處理。

　　對這種模型調整後工作量的不確定性推導如下：

$$y_{\text{adj}} = y_{\text{nom}} \cdot \prod_i c_i$$

$$\frac{\partial}{\partial y_{\text{nom}}}\left(y_{\text{nom}} \cdot \prod_i c_i\right) = \prod_i c_i, \qquad \frac{\partial}{\partial c_j}\left(y_{\text{nom}} \cdot \prod_i c_i\right) = y_{\text{nom}} \cdot \frac{\prod\limits_i c_i}{c_j}$$

　　例如，假設 $y_{\text{nom}}=20,000\pm5,000h$（+/-25%），並且只包含七個成本動因 Ci，為了簡便起見，假設每一個成本動因的值都是 $c = 0.95\pm0.05$，即得到 y_{adj} 調整的方程式：

$$y_{adj} = y_{nom} \cdot \prod_i c_i = 20,000 \cdot \prod_1^7 0.95 = 20,000 \cdot 0.95^7 = 13,966.7$$

$$\delta y_{adj} = \sqrt{\left[\left(\prod_i c_i\right)\delta y_{nom}\right]^2 + \left[\left(y_{nom} \cdot \frac{\prod_i c_i}{c_1}\right)\delta c_1\right]^2 + \ldots + \left[\left(y_{nom} \cdot \frac{\prod_i c_i}{c_7}\right)\delta c_7\right]^2}$$

$$= \left(\prod_i c_i\right)\sqrt{(\Delta y_{nom})^2 + (y_{nom})^2\left(\frac{\Delta c_1}{c_1} + \ldots + \frac{\Delta c_7}{c_7}\right)^2}$$

$$= 0.95^7 \cdot \sqrt{(5,000)^2 + (20,000)^2\left(\frac{0.05}{0.95} + \ldots + \frac{0.05}{0.95}\right)^2} = 5,146.8 \simeq 5,000$$

因此，模型和估算過程中每增加一個因素，可以得到如下結果：

- 表面上可能會讓估算更加準確。
  - ▸ 在上述例子中，因為所有因素都比 1 小，y_{adj} 相對於其名目價值（nominal value）也減小了。
- 但是它的誤差百分比增加了：
  - ▸ 現在大概是 36%，原來是 25%。

✦ 關鍵知識點

在這種捆綁方法中，模型中引入愈多成本動因，將使得估算過程增加更多不確定性來源！

練習

1. 當模型加入了額外的成本動因、不確定性和風險時，**你的公司**通常會怎麼做？

2. 當模型加入了額外的成本動因、不確定性和風險時，在**工程領域**中通常會怎麼做？

3. 在估算過程中，調整階段對制定決策有什麼幫助？

4. 請說明調整階段是如何在進行決策時識別樂觀情境的？

5. 很多模型都是如下的形式：

$$y = A \cdot x^B * \left(\sum_{n}^{i} PF_i \right)$$

在該方程式中，PF_i 代表每個成本動因的影響值。如果把這些成本動因的影響整合在一起，是否有助於縮小估算範圍？

6. 很多模型的成本動因都是階梯函數形式的，成本動因的每個區間都對應一個明確的值。在這種結構下使用這些成本動因，會帶來多少不確定性？

7. 如果一個線性模型的輸入變數存在不確定性和誤差，如何計算模型結果的不確定性？模型公式為 Effort = $a \times$ Size + b。

8. 如果一個指數模型的輸入變數存在不確定性和誤差，如何計算模型結果的不確定性？模型公式為 $y = A \cdot x^B$。

9. 如果模型的輸入變數存在不確定性和誤差，如何計算模型結果的不確定性？模型公式為 $y = A \cdot x^B \times \left(\sum_{n}^{i} PF_i \right)$。

10. 以重力的數學公式為例，請用你自己的話來描述在這個公式中，要計算出各因素之間的關係，需要多少時間和實驗？並描述在特定背景下（例如火箭發射），需要企業投入多少精力對多種構成元件進行量測，以確定重力值。接下來，對於你公司的軟體估算模型，按照前面同樣的處理方法來得到數學公式計算出的重力值。

本章作業

1. 在一個指數模型中，多個成本動因是整合在一起的（即捆綁式模型），它們本身即為多個估算子模型，選擇其中的一個或多個成本動因，記錄該因素可能的偏差範圍。接著，分析這些偏差範圍對整個模型結果的影響。

2. 選擇兩個軟體估算模型（可以從書上或網路上挑選）。解釋這兩個模型中的成本動因是如何進行「量化」的，並評價這個量化過程。

3. 目前將成本動因引入軟體估算模型的典型方法是什麼？是經驗法還是工程化方法？請將這種方法與建築業、商業或醫藥業的類似估算實踐進行比較，並評價軟體工程使用的方法。

4. 識別你的公司估算模型中每個成本動因的可能誤差範圍。當把這些成本動因整合在一個估算模型中，模型的誤差傳播率是多少？

5. 從網路上選擇一個免費的軟體估算模型，並確定該模型的誤差傳播率。

6. 找一個根據用例點建立的估算模型，並確定該模型的誤差傳播率。

7. 找一個根據個人經驗建立的估算模型，並確定該模型的誤差傳播率。

8. 從網路上找三個可用的軟體估算模型，將這些模型設計者提供的實驗資料記錄下來。你有多相信他們提供的資訊？請向你的管理層和客戶闡述你的觀點，檢視你的觀點並進行分類（根據工程化或個人觀點）。

9. 請回想一下你最近估算的三個專案。你當時寫的假設是什麼？根據你對這三個已完成專案所知之資訊，當時你應該進行哪些假設？

economics

Data Collection
and Analysis

建立估算模型：
資料收集和分析

在本書中，對於生產力和估算模型的設計，我們使用了工程化方法，首先建議根據合理的資料收集實務做法以及相對簡單的統計學技術，處理一小部分成本動因，逐步實現建立符合實務做法的模型之目標。儘管模型較為簡單，但仍可以為估算提供非常有用的資訊。

該方法指導我們如何針對特定環境建立簡單的模型——當然是在該特定環境下收集資料。

為了完成該任務，我們將介紹當今世界上可以獲得已完成專案歷史資料集的最佳方法之一，那就是：使用由國際軟體基準標準資料組織（ISBSG）收集和管理的專案資料庫。我們也將介紹如何使用這些資料集建立單變數估算模型及多變數估算模型。

第 8 章　介紹 ISBSG 軟體專案資料庫的結構，並對資料收集標準的要求以及如何在多組織背景下保證資料定義的一致性進行了討論。

第 9 章　介紹如何使用 ISBSG 資料儲存庫作為基準，以及如何使用那些資料建立並評估生產力模型。

第 10 章　討論如何建立有多個自變數的模型，包括非量化的變數。

第 11 章　討論如何識別並分析大型規模經濟專案和規模不經濟專案，並分享了與估算目的有關的見解。

第 12 章　介紹如何分析資料集，以及將此分析結合經濟學概念，就可以判斷一個資料集中是否涵蓋多個生產力模型。

第 13 章　介紹對偏離軌道的專案進行二次估算的方法。

在多數估算情況中，估算人員和經理都希望可以快速且免費找到成本動因，並且這些成本動因適用於多種軟體應用領域。然而，根據當前的技術發展現狀及實務做法（在軟體估算、軟體生產力資料和估算模型方面），「快速且免費」的方

法通常伴隨著品質極低或沒有記錄的公開資料，同時對基本的經濟學和統計學概念理解有誤。

在不同領域的生產力數值當然是不一樣的，但合理使用統計學技術加以理解，在任何領域都是很重要的。

本書的目的不在於展示每個應用領域成本動因的值（可能品質較低），也不是要強調那些很常使用但效果不佳的估算實務做法，而是在於向讀者介紹關於資料收集和資料分析的最佳工程實務做法，不論是用於哪一個軟體領域。

本書的第三部分（第 8 至 12 章）提供了關於如何使用軟體業資料的例子和參考文獻，包括由 ISBSG（這類資料的最大供應者）收集的資料。

合理使用 ISBSG 和其他資料需要具備基本的統計學知識，以便處理軟體工程資料，並從經濟學角度對這些資料進行正確的解讀，如同商學院所教授的，以及從工程經濟學角度對生產力分析的解讀與後續的估算。本書提供的是對處理過程的指南，而非具體數值。

ISBSG 的官網上確實提供大量不同環境下的資料值，但是如何將它們應用在特定組織的軟體生產力流程中，就要看使用者如何處理這些資料了。

請繼續閱讀

ISBSG 的資料收集標準是完全免費的，
並且多國軟體測量協會皆認為它是迄今
為止最好的標準。

資料收集與業界標準：
ISBSG 資料庫

8.1 概述：資料收集的要求

生產力模型通常都是使用專案的資料建立的：

- 專案都是已完成的；
- 並且有充分的文件記錄：
  - ▶ 可以量化建立模型所需的變數。
  - ▶ 可以定性描述可能對專案造成正面或負面影響（導致高生產力或低生產力）的特徵。

當一個組織有能力去收集這樣的資訊，並且建立自己的模型時（無論是單個模型還是多個模型，取決於專案或產品的特徵），我們便有了堅實的資料基礎：

- 可以量化評價某個專案在其所屬專案組合中，比較它與其他專案的效能；
- 可以識別並分析出導致其生產率過低或過高的因素。

當進行這種效能比較時，組織通常不僅關心估算，也關心基準，也就是說：

- 從既往效能較高的專案中識別最佳實務（best practice）。
- 透過歷史專案，規避那些會導致生產力降低的因素，以減少現行專案的風險。
- 向其他專案推廣那些有助於專案生產力提高的成功因素。
- 並制定過程改進方案以提高未來專案的生產力。

對於資料收集、進行有意義的資料分析以及合理的估算，關鍵要求是所採集的資料只要在可行的情況下都需要進行描述和量化，並且要使用統一的定義及測量標準，以確保其可用於比較。

這意味著在收集歷史資料進行識別、分類和測量之前，必須花費大量的時間對定義、分類標準及分配定量值的規則進行統一。

如果每一個欄位的資料收集沒有建立共同的標準，或是沒有清楚的文件佐證，那麼從不同來源收集的資料很容易就會產生不同的解讀（在沒有明顯錯誤的情況下）：

- 因此在進行資料收集工作之前，所有的定義和標準必須一致，並且獲得大家的承諾；
- 否則，收集的資料將無法用於比較。

在沒有良好的資料收集標準的情況下建立生產力模型，設立行業基準時會對組織及同行業者都會造成不利影響。

- 如果標準定義及測量方法已存在，組織在進行基準建立時應該要使用它們。關於基準的各種類型，詳見進階閱讀一。
- 如果這些不存在，那麼組織就需要一併建立這些標準。

詳細的資料收集程序需要非常謹慎地制定，以確保資料收集的一致性，以及所收集資訊的完整性，並且沒有含糊不清的內容。

組織中的各個部門更傾向於定義自己的資料欄位含義，以確保欄位可以反映各自專案的特點。這種做法雖然可以理解，然而：

- 完全違背了與跨部門以及業界其他同業進行效能比較的目的。
- 同時，當部門引進一門新技術但缺乏自己的歷史資料時，這種做法會使他們無法使用業界的效能資料。

我們強烈建議業界人士以及研究學者重用已經存在的資料，尤其是當資料收集流程已被業界接受為現有標準時，就像 ISBSG 所發布的資料。

- 當然，組織可以在這個基礎上不斷累積資料，但是如果沒有一個良好的基礎作為開始，建立基準可能會耗費過多的人力物力與時間。

此外，ISBSG 的資料收集標準是完全免費的，並且多國軟體測量協會皆認為它是迄今為止最好的標準。

在本章，我們會介紹 ISBSG 儲存庫以及將它作為估算過程的基礎，如下：

- 8.2 節介紹何謂國際軟體基準標準組織（International Software Benchmarking Standards Group, ISBSG）
- 8.3 節概述 ISBSG 的資料收集程序。
- 8.4 節提供 ISBSG 已完成個案的個別基準報告之例子。
- 8.5 節討論如何準備使用 ISBSG 儲存庫。

8.2 國際軟體基準標準組織

8.2.1 ISBSG 組織

國際軟體基準標準組織（ISBSG）成立於二十世紀的 90 年代，致力於提供一個全球軟體專案儲存庫。

- 該儲存庫提供的資料可用於不同目的，包括比較專案生產力以及估算建立生產力模型所需的工作量。
- 生產力資料和模型可以提高組織在專案策劃和專案監控方面的整體能力。

通常，ISBSG 包括了詳細變數描述以及量化資料，可衍生出許多形成基準的比率，其他類似的專案資料儲存庫也一樣。

ISBSG 是非營利組織，「透過提供與不斷開發標準化、經過驗證、最新、且能代表當前技術的軟體工程公用儲存庫，來改善企業和政府對 IT 資源的管理」。

- ISBSG 與各國軟體測量協會皆有合作，包括澳大利亞、印度、日本、英國、美國等。

8.2.2 ISBSG 儲存庫

ISBSG 軟體專案儲存庫為軟體開發從業人員提供了企業標準化資料，可供他們利用此資料與匯整的專案或單一專案資料進行比較。同時，它提供國際軟體開發的真實資料，可經過分析作為基準並應用於估算 [Hill 及 ISBSG 2010]。

ISBSG 把收集的資料整合至儲存庫中，並提供一個 Excel 形式的範本（見「MS-Excel 資料擷取」）列舉出每個欄位的樣本，供從業人員和研究人員參考。圖 8.1 展示了 ISBSG 儲存庫收集與儲存資料的過程。

ISBSG 這張 MS-Excel 資料擷取表的完整內容可參考本章的進階閱讀二。

● MS-Excel 資料擷取結果目前以最低成本提供給業界，該成本大約等於組織付給一個諮詢顧問一天工作量的價格（明顯比組織收集自己的一套資料所花費的成本低）。

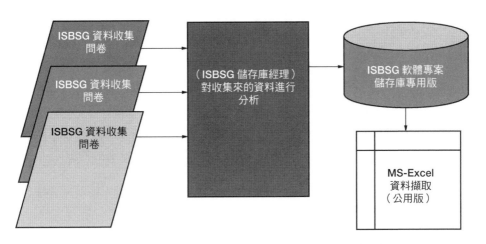

▲ 圖 8.1　ISBSG 儲存庫入庫過程 [Cheikhi et al. 2006，經 Novatica 許可後引用]

舉例來說，第 11 版 MS-Excel 資料擷取結果（2009）包含來自全世界 29 個國家、各個業務領域的 5,052 個專案，像是日本、美國、澳大利亞、荷蘭、加拿大、英國、印度、巴西和丹麥。

R11-2009 版擷取的資料包括不同的專案類型：

● 強化專案（enhancement project），佔 59%
● 新開發專案（new development project），佔 39%
● 二次開發專案（redevelopment project），佔 2%

根據 ISBSG 聲明，MS-Excel 資料擷取表按照以下軟體應用類別進行分類：

▸ 電信（25%）
▸ 銀行（12%）
▸ 保險（12%）

- ▸ 製造業（8%）
- ▸ 金融業（排除銀行）（8%）
- ▸ 工程（5%）
- ▸ 會計（4%）
- ▸ 銷售和市場（4%）
- ▸ 運輸和物流（2%）
- ▸ 法律（2%）
- ▸ 政府、公共行政和法規（2%）
- ▸ 個人（2%）
- ▸ 其他（11%）

顯然，軟體業的某些領域會不具名地提供及分享量化資訊給電信業、銀行業及保險業，這種資訊共享文化，可以讓這些企業領域各自獲取有效的資訊。

而其他領域沒有這種投入資源進行資訊收集與分享的傳統，因此期望他們從資料儲存庫中受益並用於建立基準和估算是不切實際的。

8.3 ISBSG 資料收集程序

8.3.1 資料收集問卷

ISBSG 為專案收集資料所設計的問卷是公開的，包括以任何一種 ISO 認可的測量標準所量測的軟體功能規模。ISBSG 資料收集問卷的結構如圖 8.2 所示。

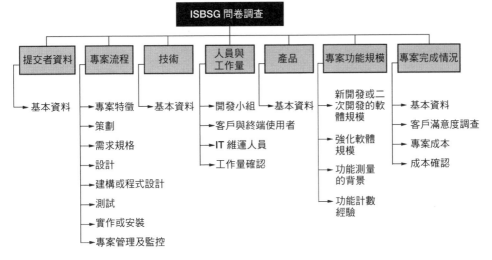

○ 圖 8.2 **ISBSG** 資料收集問卷的結構 [Cheikhi et al. 2006，經 Novatica 許可後引用]

ISBSG 專案儲存庫的基礎是其內部的資料，如資料收集問卷所示，它包括儲存庫經理增加的額外資訊。這份問卷 [ISBSG 2012] 可在 www.isbsg.org 找到。

此外，ISBSG 提供了術語表和測量定義表，有助於專案資料收集工作的進行，並標準化所收集資料的分析與彙報方法。

ISBSG 資料收集問卷包含七個部分，每一個部分還有多個子章節（見圖8.2）。

● **提交者資料**：填寫問卷的組織及個人相關資料。
  ▸ ISBSG 對於該資料負有保密之義務。
● **專案流程**：關於專案流程的資訊。在該部分中，ISBSG 提供完善的術語定義，以及資料收集的簡單結構，並且支援在專案間進行精確比較。
  ▸ 本部分收集的資訊結構與軟體生命週期中的各種活動順序一致。正如 ISBSG 問卷中所定義的：策劃、規格、設計、構建或程式設計、測試、實作及安裝。
● **技術**：開發或執行專案所使用的工具之相關資訊。
  ▸ ISBSG 問卷中，對於軟體生命週期的每個階段都列出了工具清單。
● **人員及工作量**：包括開發組、客戶和終端用戶、IT 維運人員三個組別。

▸ 這部分收集的資訊是關於投入專案的人員，他們擔任的角色、相關專業經驗、以及他們在軟體生命週期每一個階段所花費的工作量三個組別。

● **產品**：關於軟體產品本身的資訊。

▸ 例如，軟體應用類型和部署平台，例如用戶端 / 伺服器端。

● **專案功能規模**：關於專案功能規模的資訊，以及與測量過程相關的其他變數。

▸ 關於 ISBSG 已識別的測量方法，包括：COSMIC、IFPUG、NESMA、Mark-II。針對不同的測量方法，該部分內容略有不同。

▸ 還有軟體功能規模測量人員的經驗之相關資訊。

● **專案完成情況**：提供專案總體資訊，包括專案工期、缺陷個數、程式碼行數、客戶滿意度、專案成本，包括成本確認。

問卷需要填寫的內容很多，其中只有一部分是必填項目，大部分皆為選填。

8.3.2
ISBSG 資料定義

ISBSG 在定義這些收集內容時非常小心。他們將收集資料的尺度類型分為下列三種：

● 名目（nominal）資料：專案管理工具名稱、需求管理工具名稱等。

● 分類（categorical）資料：開發平台：大型主機、中型主機、個人 PC。

● 數值（numerical）資料：按小時統計的工作量、按功能點統計的規模等。

ISBSG 盡可能避免納入那些依據個人判斷的變數值，例如順序變數或區間尺度（interval scale，例如從非常低到非常高），以及那些在不同組織及國家之間幾乎無法達成一致且可重複的變數。

✦ **避免過於主觀的判斷賦值**

儘管專案成員經驗是非常值得收集的資料，但業界對於如何將他們的經驗排序和分類，沒有統一的標準。

　　ISBSG 也使用一些現成的測量標準，只要是國際機構（例如 ISO）或是業界認可接納的。

- 例如，工作量按照小時統計（為了避免工作日長度不同，有些國家可能是 7 小時工作制，有些可能是 8.5 小時）。
- ISBSG 認可關於功能規模測量（FSM）方法的所有 ISO 標準，包括：
  - ▸ ISO 19761：通用軟體測量國際聯盟 COSMIC（Common Software Measurement International Consortium）[ISO 2011]
  - ▸ ISO 20926：功能點分析（Function point analysis）（IFPUG4.2，僅限未調整的功能點）[ISO 2009]
  - ▸ ISO 20968：Mark II 功能點—Mk II [ISO 2002]
  - ▸ ISO 24750：NESMA（荷蘭版功能點分析 v. 4.1，測量結果與 FPA 是相似的）[ISO 2005]。
  - ▸ ISO 29881：芬蘭軟體測量協會 FISMA（Finnish Software Measurement Assosiation）。
- 在敏捷環境下進行功能規模測量（FSM）的應用指南，如 COSMIC [2011a]。

✈ 使用不同的 *ISO* 標準，測量功能規模的偏差

　　在理想的情況下，用來統計研究的規模資料應該採用完全相同的測量標準。

　　某些專案可能同時使用了 IFPUG 和 COSMIC 兩種方法，在使用這些專案資料建立模型時，應該考慮如何在這兩種測量方法之間進行轉換，可參考由 COSMIC 在其官方網站（www.cosmicon.com）上發布的「進階及其相關主題」中關於轉換的描述。

　　也可參考 *Software Metrics and Software Metrology* 一書中的第 13 章 [Abran 2010]。

當然，收集的工時數取決於人力資源類型，以專案監控為目的記錄他們的工時：某個組織的工時提報系統只記錄直接分配給專案的人員工時，而在另一個組織，可能還會記錄所有以兼職方式支援此專案的人員之工時。為了獲取這種專案工時記錄的差異，ISBSG 定義了一個「資源等級」參數，見表 8.1。

為了深入理解工作量資料的可靠性，ISBSG 也同時定義了用於收集工作量資料的工時統計方法，見表 8.2。

表 8.1 資源等級（ISBSG）

資源等級	描述
等級 1：開發團隊	負責在開發活動中交付應用程式。編寫需求規格、設計及／或構建軟體的團隊或組織，通常也會執行測試及實作活動。該等級人員包括： • 專案團隊 • 專案管理人員 • 專案行政人員 • 該專案指定的 IT 維運人員
等級 2：開發團隊的支援人員／IT 維運人員	為終端使用者提供支援，以及向開發組提供專家服務的 IT 系統維運人員（但不隸屬於該小組成員），該等級人員包括： • 資料庫管理員 • 資料管理員 • 品質保證人員 • 資料安全負責人 • 標準支援人員 • 稽核與控制人員 • 技術支援人員 • 軟體支援人員 • 硬體支援人員 • 資訊中心支援人員
等級 3：客戶／終端用戶	負責定義軟體需求以及為軟體開發提供資金的人員（包括軟體的終端用戶）。專案客戶與軟體終端用戶的關係可能各有不同，他們參與軟體專案的程度也有所差異。這個等級的人員包括： • 應用程式客戶 • 應用程式使用者 • 使用者聯絡員 • 使用者培訓員

表 8.2　工時統計方法（ISBSG）

工時統計方法	描述
方法 A： 員工工時（記錄在案）	每個人在專案相關任務中所花費的所有工作量的日常記錄。例如，一名員工在某個專案中從早上八點工作到下午五點，中間有一小時午餐休息時間，將記錄為八小時的工作量。
方法 B： 員工工時（推算得到）	如果沒有按照 A 方法記錄每日工作量，也可以推算得出來。工作量可能是以星期、月甚至是年來記錄的。
方法 C： 有效工時（記錄在案）	每日只記錄每一個人在專案相關任務中所花費的有效（有產量的）工時（包括加班時間）。以方法 A 的例子來舉例說明，刪除非有效任務時間（例如喝咖啡、與其他團隊溝通聯絡、行政事務、閱讀雜誌的時間等）之後，有效工時只有 5.5 小時。

8.4　完整的ISBSG單一專案基準報告：案例參考

對每一個發送至 ISBSG 的專案資料集，ISBSG 都會回送一個基準報告，該報告中包括如下四個部分的內容：

1. 生產力基準
2. 品質基準
3. 對所提交專案資料的評估
4. 標準化所提交的工作量資料

第一部分：專案交付率（project delivery rate, PDR） ISBSG 基準報告的 PDR 內容是將所提交專案的生產力與儲存庫中的專案進行比較。

ISBSG 用 PDR 測量生產力，即交付每個功能規模單位（IFPUG 方法以 FP 為單位；COSMIC 功能點方法以 CFP 為單位）所花費的時數。

專案規模	298 CFP
專案工時	12,670 h

專案 PDR	42.5 h/CFP
功能規模方法	COSMIC – ISO 19761
開發類型	新開發

報告基準對比 PDR 時考慮了下列因素（在所提交專案包含以下資訊的情況下）：

- 開發平台
- 程式語言類型
- 團隊最大規模
- 開發方法如何取得

表 8.3 中，該專案提供其中三個主要因素（開發平台、開發方法、語言類型）的資訊，但沒有提供第四個因素的資訊，即團隊最大規模。

表 8.3 專案交付率（**PDR**）的分布區間

影響因素	N	10%	25%	50%		75%		90%
開發平台：多個，所有專案均使用	25	1.5	4.9	10.2		40.7	*42.5	67.9
如何獲得開發方法：內部開發	10	1.8	5.0	7.7		23.6	*42.5	52.3
程式語言類型：3GL	19	1.5	5.2	28.3	*42.5	63.3		124.5

範例 8.1

　　表 8.3 指出了該專案 PDR 在同一開發平台的所有專案 PDR 分布區間中所處的位置。（第一行：該專案 PDR 為 42.5h/FP，處於 75% 的區間內，這表示在此特定平台的分類下，該專案的 PDR 比 ISBSG 儲存庫中 75% 的專案都還要高。）

　　ISBSG 報告同時也指出，第一欄，N，顯示分別有多少個專案與該專案的三個因素進行比較。

> **範例 8.2**
>
> 　　表 8.3 也指出，*N*=25，表示在開發平台的比較中，該專案與 25 個專案進行比較；而在程式語言類型的比較中，它只有跟 19 個專案進行比較。表 8.3 中的星號則是代表被比較專案的數值。
>
> 　　對於影響生產率最重要的兩項因素是開發平台和語言類型，相關的圖 8.3 展示了該專案與同一語言和開發平台的所有專案之間 PDR 的比較結果。

　　第二部分：專案缺陷密度（defect density） 如果向 ISBSG 提交了專案缺陷數，在基準報告中會生成另一張表，見表 8.4。這份表格會顯示專案上線第一個月的缺陷密度（每 1,000 個功能點的缺陷個數）與 ISBS 儲存庫的專案進行對比。

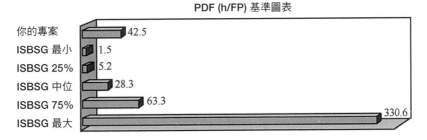

PDF (h/FP) 基準圖表

你的專案	42.5
ISBSG 最小	1.5
ISBSG 25%	5.2
ISBSG 中位	28.3
ISBSG 75%	63.3
ISBSG 最大	330.6

○ **圖 8.3** 專案的單位交付時間，小時 / 功能點

表 8.4　上線第一個月的缺陷密度

缺陷類型	專案	ISBSG		
		最小值	平均值	最大值
缺陷總數	*0/1,000 FP	*0	17	91

　　第三部分：專案提交資料的評估　ISBSG 資料管理員會評估每個組織所提交的資料品質，並在資料品質評分（data quality rating, DQR）欄位記錄評估結果。

- 下方的文字方塊中，某專案的整體評分為 B，並附帶評語，說明對該專案如此評分的理由。

ISBSG 資料管理員的 DQR 評鑑等級請參見表 8.5。

表 8.5 專案資料品質的評鑑等級

評分等級	評分說明
A	所提交的資料評估良好，沒有可能影響完整性的問題
B	所提交的資料基本上良好，但存在某些因素可能影響資料的完整性
C	由於重要的資料缺失，無法對所提交資料進行完整性評估
D	由於一個或多個因素的影響，所提交的資料可信度很低

　　第四部分：正規化（normalization） 為了使比較結果有意義，ISBSG 報告中說明，不論專案資料是整個開發生命週期的工作量還是其中一部分，都按照這樣的原則轉化：

- 如果專案提交的工作量只是專案生命週期的一部分，ISBSG 將透過計算得出正規化的 PDR（專案交付率）。相關內容參見 8.5.3 節。

8.5 使用 ISBSG 儲存庫前的準備工作

8.5.1
ISBSG 資料擷取

圖 8.4 展示了透過購買得到的 ISBSG 資料擷取之欄位結構。

- 當然，所有進行 MS-EXCEL 資料分析的人員，都應該要非常清楚所有資料欄位的定義內容。

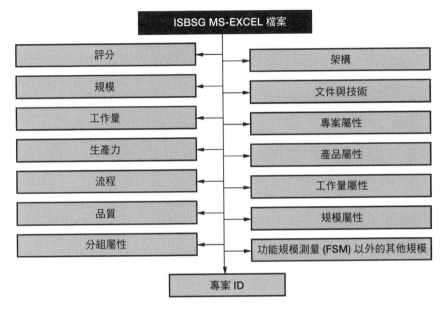

○ 圖 8.4 ISBSG 資料擷取表結構[14] [Cheikhi et al. 2006，經 Novatica 許可後引用]

8.5.2
數據準備：所收集資料的品質

在對任何儲存庫的資料進行分析之前，包括 ISBSG 資料庫，瞭解資料欄位是如何定義、使用和記錄是很重要的。在資料集準備階段，我們需要進行兩個驗證步驟：

- 資料品質驗證
- 資料完整性驗證

---

14 譯註：與作者 Alain 進行了討論，表中的「功能規模測量以外的其他規模」是程式碼行數
   或以其他自訂的功能規模測量單位。

資料品質驗證

工作量資料的品質很容易驗證：

- ISBSG 資料儲存庫管理員在收集資料時就會對品質進行分析，並且會把自己的判斷和 DQR 評分記錄在專案的 DQR 欄位中。
  - ▸ 評分結果從非常好（A）到不可靠（D），見表 8.5。

因此，建議只對 DQR 評分結果為 A 或 B 的專案（即所收集的資料完整程度很高）做進一步分析。

- 為了減少低品質資料的風險，並提高資料分析報告的有效性，評分結果為 C 或 D 的專案通常在分析前就會加以排除。

資料完整性驗證

想要使用 ISBSG 儲存庫的軟體工程師，也應該同時查看其他欄位，以驗證下列兩個變數的品質：

- ▸ 工作量
- ▸ 功能規模

為確保這兩個關鍵欄位的資訊完整性及可信度，ISBSG 額外收集了三個相關欄位的資訊，以便驗證工作量和規模的可信度：

- 時間記錄方法（見表 8.2）

📌 時間記錄方法的重要性

如果工時記錄方法欄位的評分為 B，代表所收集的工作量資料不是每日統計，而是以較大的單位去統計換算得來的，如周或月。

通常這意味著報告的工時數可以猜測出來（例如每月或每週），因此資料的可信程度較低，進行統計分析時需格外注意。

- 未收集的工作量比例：
  - ▸ 該資料欄位記錄了所提交的工時是否比實際工時還少。
  - ▸ 該資料欄位提供的資訊是關於可能漏報工時的比例；當然，一般漏報工時是沒有記錄的，因此該數值通常為估計的近似值。
  - ▸ 該百分比不一定準確，只能指出所記錄的工時缺乏準確性。

- 進行軟體功能規模測量的測量人員素質：
  - ▸ 由此資料欄位可以看出所提交功能規模的可信度。
  - ▸ 當然，缺乏功能規模測量經驗的人員與特定測量方法具備五年以上經驗的人員相比，其規模測量偏差可能較大。

✦ 功能規模測量的偏差來源

　　一個無經驗或未接受過功能規模測量培訓的人員，可能會忽略待測量軟體的一些重要功能，尤其是當提供的專案文件描述非常籠統，而不是詳細描述、經過批准的規格說明書。

8.5.3
缺失的數據：工作量資料的例子

還有一個必要的步驟，是在進行資料分析時識別感興趣欄位缺失資料的程度 [Déry and Abran 2005]。

即使都是從工時統計系統中獲得的工作量資料，在實務上，各個組織的資料可能差異很大：

- 一種工時統計系統可能包含了從最初策劃階段到全面部署的工作量。
- 另一種工時統計系統可能只包括程式設計和測試活動的工作量。

為了捕捉不同組織提交的整體工作量之間的資訊差異，ISBSG 要求資料收集員將其生命週期對應到標準化的 ISBSG 生命週期——包括六個類別：策劃、規格說明、設計、編寫、測試和實作。

- 專案總工作量在 ISBSG 儲存庫中是必填項目，但是專案每個階段的具體工作量內容則是選填項目，這個欄位通常是空白的，沒有提供相關資訊。

由於在工作量資料中存在著這種異質性，我們必須審慎看待專案總工作量[15]欄位，因為不同專案的生命週期所涵蓋的範圍並不相同。

因此，在使用 ISBSG 儲存庫進行資料分析時（由於資料來自多個組織，工作量資料所涵蓋的生命週期範圍就有可能不同），首先要評估資料的一致性，這一點格外重要。

在 ISBSG 儲存庫中，專案工作量可能是 ISBSG 定義的六種活動的任意組合。工作量欄位之間的差異，詳見表 8.6，此表收集了使用 IFPUG 方法進行測量的 2,562 個專案，這些專案的資料品質評估較高（ISBSG 於 1999 年發布）。

在表 8.6 中，欄分別代表專案的六種類別活動，列則顯示了儲存庫中所識別出的專案活動組合。我們可以看到，表 8.6 展示了儲存庫 31 種不同專案活動組合中的 8 種。

表 8.6 ISBSG 1999 年發布的專案及其覆蓋活動

文件編號	專案個數	策劃	需求	編碼	測試	實施
1	11			√		
2	2			√		√
3	3					√
4	9	√	√			
5	405	√	√	√	√	
6	350	√	√	√	√	√
7	5	√	√		√	
8	1,006					
總計	2,562					

備註：摘自 Déry 和 Abran 2005，經 Shaker Verlag 許可後引用

15 原註：ISBSG 把專案工作量記錄為「總工作量」。

▸ 第 1 列和第 3 列的專案只包括一個階段的工作量。

▸ 第 2 列和第 4 列的專案包括兩個階段的工作量。

▸ 第 6 列顯示有 350 個專案涵蓋了全部五個階段的工作量。

▸ 第 8 列顯示有 1,006 個專案沒有提供關於包含哪些活動的資訊。

在上述收集的工作量資料中，其內容及範圍差異如此之大，這些工作量資料還有這麼多種組合。那麼，如何確保進行的基準比較有意義，且建立的模型足以滿足需求呢？

● 當然，生產力基準的建立與生產力模型的建立都是依賴於專案，然而，不同專案的工作量資料包含的工作活動類型不盡相同，導致執行上述兩項作業的難度較高。

● 如果不考慮這些差異可能會造成嚴重的後果。事實上，就拿平均工作量來說好了，只有在特定背景下進行計算，其結果才是有意義的，並且每一種情況應該分別計算。

▸ 或者，也可以使用某些統計技術將這些資料進行正規化處理。

為了讓使用者可以利用儲存庫進行較有意義的 PDR（專案交付率）比較，ISBSG 增加了一個附加欄位：推算結果。該結果是推算得出的正規化工時，它代表了報告的專案整體生命週期。

正規化流程可以按照下列步驟操作：

● 每個階段平均花費的工時（根據那些包含全部活動類型且每個階段都有工作量詳細資料的專案計算得來的）。

● 對於那些沒有對工作量進行分解但是知道包含哪些活動的專案，對其工作量進行正規化處理，根據各活動工作量在整個週期的比例進行推算。

▸ 如果專案提交的工作量包含全生命週期活動，則不需要對其進行正規化，實際工作量 = 正規化的工作量；

▸ 如果專案沒有提供階段的分解資訊，就不可能對其工作量資料正規化；

▸ 如果所彙報的工作量只包括該專案的一兩個活動，也可以進行正規化，但使用此結果作為整體生命週期的工作量就不具有代表意義。

對於正規化結果的使用，需要特別注意。

進階閱讀一：
基準對比的類型

一個組織進行基準對比的目的如下：

- 比較該組織與其他組織的軟體開發效率；
- 識別出導致效能水準較高的最佳實務；
- 在其組織中實作這些最佳實務，同時客觀地展示更高的效能水準。

基準對比通常基於以下三個關鍵概念：

- 比較產品和服務的相關特色；
- 比較量化的和有書面記錄的產品過程效能和／或服務交付效能；
- 識別出能夠持續提供卓越產品與服務的最佳實務。

基準對比主要分為兩類：內部基準和外部基準。

（A）內部基準

此類基準對比通常在組織內部進行。

- 例如，當前專案的生產力可以跟同一個研發組織前一年完成的專案生產力進行比較。
- 如果一個組織有多個研發部門，可以在組織內跨部門進行基準比較。

（B）外部基準

此類基準對比通常是與其他組織進行比較，可能是某一個行業特定地理區域的基準或是沒有任何限制。

外部基準也有多種子類型，像是：

- 競爭性基準（competitive benchmarking）
- 功能性基準（functional benchmarking）

競爭性基準 該類基準對比的做法是收集直接競爭對手的資料、比較其直接

量化效能及分析偏差原因，透過這個過程識別出最佳實務。

當然，競爭性基準對比是很難做到的，一方面，競爭對手不願意提供如此敏感的資訊；另一方面，組織本身也不希望其競爭對手瞭解他們的實力，以及更高效能的敏感商業祕密。

直接競爭市場之外的基準對比　可以在直接競爭市場之外找到做類似產品和服務的組織，與其進行基準對比。

- 在這種情況下，組織會比較願意交換資訊。

功能性基準　當無法與直接對手進行競爭性基準對比或是這種對比存在風險時，我們可以與非本業市場、但提供類似或相關服務的組織進行基準對比，稱之為功能性基準。

★ 軟體行業功能性基準比對的例子

對於一家開發支付系統的銀行來說，可以與開發相似系統的保險公司或政府機構進行基準對比應該是有幫助的。

對於一個開發保險系統的保險公司來說，可以與提供全國性保險類型服務的政府機構進行基準對比應該是有幫助的。

對於一個幫旅館業者開發庫存系統的公司來說，可以與提供機票預訂系統的公司進行基準對比是有幫助的。

基準對比與單純進行資料收集相比要複雜許多：

- 需要大量的資料分析能力
  - ▸ 去執行基準對比；
  - ▸ 把基準對比結果轉化為持續且有效的改進行動計畫。

在提高資料分析能力的過程中（用於基準對比和估算），類似於 ISBSG 這樣的儲存庫在這兩方面可以協助軟體業：

- 更進一步理解儲存庫裡眾多變數之中哪些是有因果關係的；
- 識別出哪些關係對於達成某些特定目標最有貢獻，目標可以是提高生產力、縮短交付時間等。

進階閱讀二：
ISBSG 資料擷取的詳細結構

分類	欄位
評分（2）	• 資料品質評分 • 未調整的功能點評分
規模（4）	• 計數方法 • 功能規模 • 調整後的功能點 • 調整係數
工作量（2）	• 匯總的工作量 • 正規化的工作量
生產力（4）	• 上報的交付率（經過調整的功能點） • 專案交付率（未調整的功能點） • 正規化的生產力交付率（調整後的功能點） • 正規化的生產力交付率（未調整的功能點）
時程（11）	• 專案建置時間 • 專案暫停時間 • 專案上線日期 • 專案活動範圍 • 策劃活動工作量 • 需求活動工作量 • 設計活動工作量 • 構建活動工作量 • 測試活動工作量 • 實作活動工作量 • 其他工作量

分類	欄位
品質（4）	• 輕微缺陷數量：在使用軟體的第一個月發現的輕微缺陷數量 • 嚴重缺陷數量：在使用軟體的第一個月發現的嚴重缺陷數量 • 重大缺陷個數：在使用軟體的第一個月發現的重大缺陷數量 • 總缺陷個數量：在使用軟體的第一個月發現的所有缺陷數量（包括輕微缺陷、嚴重缺陷、重大缺陷），或是沒有拆解具體缺陷數量、直接以單一整體資料值來表示
分類屬性（6）	• 開發類型 • 組織類型 • 商業領域類型 • 應用類型 • 套裝程式客製化 • 客製化的程度
架構（7）	• 架構 • 客戶端伺服器 • 客戶角色 • 伺服器角色 • 伺服器類型 • 客戶／伺服器描述 • 網站開發
文件與技術（16）	• 策劃文件 • 規格書文件 • 規格書技術 • 設計文件 • 設計技術 • 構建產品 • 構建活動 • 測試文件 • 測試活動 • 實作文件 • 實作活動 • 開發技術

分類	欄位
	• 功能規模測量技術
	• 功能點標準
	• 所有的功能點標準
	• 參考表的方法
	• 開發平台
	• 程式語言類型
	• 主要開發程式語言
	• 主要硬體
	• 次要硬體
	• 主要作業系統
	• 次要作業系統
	• 主要語言
	• 次要語言
	• 主要資料庫系統
	• 次要資料庫系統
專案屬性（23）	• 主要組件伺服器
	• 次要組件伺服器
	• 主要 Web 伺服器
	• 次要 Web 伺服器
	• 主要訊息伺服器
	• 次要訊息伺服器
	• 主要除錯工具
	• 其他主要平台
	• 其他次要平台
	• 使用的電腦輔助軟體工程（CASE）工具
	• 使用的開發方法
	• 如何取得開發方法
	• 使用者基礎：業務部門
產品屬性（4）	• 使用者基礎：地理位置
	• 使用者基礎：同時上線人數
	• 目標市場

分類	欄位
工作量屬性(6)	<ul><li>記錄方法</li><li>資源等級</li><li>最大團隊規模</li><li>平均團隊規模</li><li>專案工作量與非專案工作量比率</li><li>未收集的工作量之百分比</li></ul>
規模屬性（4）	<ul><li>本節根據所選的功能規模測量標準不同（IFPUG、COSMIC、NESMA…等），內容將有所不同</li><li>新增的規模</li><li>修改的規模</li><li>刪除的規模</li></ul>
功能規模測量以外的規模（2）	<ul><li>程序碼行數（lines of code, LOC）</li><li>沒有敘述的 LOC</li></ul>

1. 為什麼組織會投入人力物力進行基準對比？

2. 為什麼使用標準方法進行資料收集那麼重要？

3. 組織處於何種過程成熟度等級進行基準比對才是值得的？每一個成熟度等級從基準比對獲得的益處都是相同的嗎？請解釋為什麼。

4. 請識別在基準比對過程中的關鍵成功因素。

5. 請識別在基準比對過程中的關鍵失敗因素。

6. ISBSG 是一個什麼樣的組織？

7. ISBSG 是如何收集資料的？

8. ISBSG 資料收集問卷中哪些部分是針對軟體專案設計的？

9. ISBSG 統計專案的軟體功能規模資料時，採用了哪些 ISO 標準？

10. 三種人力資源等級之間的主要差異是什麼？

11. 在 ISBSG 基準報告中，專案交付率 PDR 代表什麼？

12. 在 ISBSG 基準報告中，你的專案的 PDR 是如何與儲存庫中其他專案的 PDR 進行比較？

13. 在 ISBSG 基準報告的第四部分中，進行工作量正規化需要考慮什麼？

14. ISBSG 資料管理員如何評估所提交資料的品質？

15. 進行基準比對及建立生產力模型時，為什麼要先對工作量資料進行正規化？

本章作業

1. 檢視你的公司的工時彙報系統，對照 ISBSG 關於工時統計方法和工作量分解的定義（見表 8.2 和表 8.6）。

2. ISBSG 問卷的資料欄位中，量化資料和名目資料的比率是多少？

3. 當你參考 ISBSG 資料庫集（或其他資料集）進行資料分析時，哪些準備步驟是較為重要的？

4. 按照不同功能規模測量方法進行規模測量，這些專案之間的區別（和影響）是什麼？

5. 工作量按照不同的工時統計定義收集的工作量，這些專案之間的區別（和影響）是什麼？

6. 如果你的公司沒有歷史專案儲存庫，如何檢測所使用的外部資料庫（如 ISBSG 或其他儲存庫）跟公司的相關性？在這種情況下，你有哪些建議？

7. 收集其他軟體工程課程[16] 所做的專案資料，並把其效能與 ISBSG 儲存庫中類似專案的效能進行比較。比較兩者的生產力，並討論他們的資料背景有什麼不同之處（例如，課程資料部分：課程領域、學生情況、收集方法等；ISBSG 資料部分：行業、樣本、品質等）。

8. 取得一個已完成專案的所有文件，包括完成該專案所需的所有工作量。根據專案最初所分配的預算來評價專案的估算情況。請透過資料的比較來進行評價，並向管理層提出改進建議。

9. 找出五個你想向 CIO 推薦進行基準對比的組織，並詳細解釋推薦理由。你推薦的這五個組織有什麼特別之處？為什麼他們會跟你的公司分享資料呢？

10. ISBSG 在其網站上公布了有多少資料來自於哪些國家。其中有多少專案資料來自你的國家？解釋此數字的意義，參考同等規模的其他國家。為什麼這些國家提供的專案比你的國家多？是什麼因素導致的？

11. 從 ISBSG 網站上下載資料收集問卷，並使用該問卷收集專案資料。從一張問卷中，你能收集到多少欄位的資料？這些資料占欄位總數的比率是多少？為什麼你無法收集到公司全部的資料？對於那些你無法收集的資料，它們對專案監控和專案管理沒有意義嗎？

---

16 譯註：本書是作為大學教材使用，此題中的軟體工程課程指的是，除了軟體專案估算或軟體專案管理之外，學生在大學期間還需要上的其他軟體工程類課程，像是：程式語言課程、設計方法課程、測試技術課程等。

66

每次只針對一個變數，
分析其與工作量的關係。

99

CHAPTER

09

建立並評價單變數模型

學習目標

建立數學模型所使用的工程化方法

使用 ISBSG 儲存庫建立模型

使用 ISBSG 前的資料準備

根據樣本進行資料分析

9.1 概述

第 8 章闡述了在建立軟體生產力模型時，使用有標準化定義的來源資料的重要性，並推薦使用由 ISBSG 發布的資料收集標準。

當然，實務人員希望把其他成本因素考慮在模型內，因為這些成本因素預計都會對工作量產生影響。而我們這裡介紹的工程化方法，並不是說一次考量全部的成本因素，而是每次只研究一個成本因素，以免混淆了每個成本因素對於工作量的影響，然後再把這些因素合併到一個模型中。

在本章中，我們將說明如何從工程角度建立模型，根據以下方式：

- 對於歷史專案的觀察
- 確定變數的尺度類型，以確保在生產力模型中正確使用這些變數
- 每次只分析一個變數的影響
- 從統計學的角度選擇相關的樣本，且樣本點充足
- 對所使用的資料集進行記錄並做圖形化匯總分析
- 在所收集資料覆蓋的區域之外不進行任何推斷

工程化方法並不保證只用一個模型就可以適用於所有情況：

- 反之，工程化方法是為了在已經確認過且可以理解的限制之下，找出較合理的模型。

本章所介紹的方法提供了模型建立的基礎，也就是指：

- 每次只關注一個變數與工作量的關係，每次只研究一個變數，每次透析一個變數。

這也就意味著，一開始每個變數可能得到一個模型，並且要意識到：

- 只包含單一變數的模型是不完美的（因為這個模型不會**直接**把其他變數考慮在內）；
- 但是這個模型會告訴我們，該單一變數與依變數（工作量）的關係。

本章將闡述如何使用從 ISBSG 儲存庫獲取的資料樣本建立模型，並考慮軟體工程資料集的一些特性。

本章的內容組織如下：

- 9.2 節描述建立生產力模型的方法，軟體規模為關鍵自變數。
- 9.3 節說明 ISBSG 儲存庫的資料準備方法。
- 9.4 節闡述模型的品質分析與限制。
- 9.5 節展示模型的其他例子。
- 9.6 節為本章內容歸納總結。

9.2 謹慎為之，每次只有一個變數

9.2.1
關鍵自變數：軟體規模

如今人們已經廣泛認識到，軟體規模是影響專案工作量的重要因素。大量基於統計學的研究報告也證實了這個觀點。如圖 9.1，產品規模決定專案工作量。

然而，人們也意識到規模並不是唯一的影響因素，如果想提高生產力模型與工作量的相關性，還要考慮很多其他的因素。

在 ISBSG 儲存庫中，有很多不同類型的專案：

- 它們來自不同的國家；
- 不同的商業應用領域；
- 使用不同的開發和部署平台；
- 多種開發方法；
- 多樣的開發工具等。

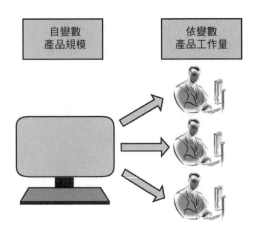

⬥ 圖 9.1 產品規模是專案工作量的關鍵因素

　　和軟體規模一樣，以上所有因素當然也會對工作量造成影響。因此，我們可以將 ISBSG 資料集視為一個多樣化專案儲存庫。

● **使用完整的 ISBSG 資料集建立**的模型，如果只有一個自變數——規模，不太可能證明模型與工作量之間有強烈的相關性。

如果要先研究規模與工作量的關係，如何隔離其他因素？

● 常用的策略是，在完整儲存庫中隔離那些在同樣限制下很可能十分相似（但不需要完全一樣）的樣本。
● 在該樣本集中，用於建立樣本的規範就變成了常數，因此不需要再包含在生產力模型中：
  ▸ 對於規範的每個取值，都可以建立不同的生產力模型；
  ▸ 當為每個取值建立模型後，就可以使用模型進行比較，以分析不同的取值對於模型的影響。
    ▪ 例如，如果樣本專案是使用程式語言開發的，那麼就可以為每組使用相似程式語言的專案建立模型。此外，在每一個樣本中，程式語言就不再是變數而是常數。

9.2.2
分析一個樣本中的工作量關係

ISBSG 儲存庫為統計學分析提供了實驗基礎，描述如下：

- 我們以變數「程式語言」為例，闡述如何建立生產力模型。

因為程式語言是名目類型的變數（如：C、C++、Access、COBOL、Assembler、Visual Basic），所以它的值不能直接作為一個量化變數處理。

- 在實務中，每一個程式語言在統計分析中都是一個單獨的變數。

在 ISBSG 儲存庫裡，儲存了超過 40 種程式語言的專案，其中有些專案的資料很多，有些則很少。

當然，統計技術的有效性取決於建立模型所使用的資料點數量：

- 理想情況下，每一個變數都應該要有至少 30 個資料點。
- 在實務中，20 個資料點就算是統計學上比較合理的數字。
- 然而，如果資料數量小於 20，就要小心了。

本章選擇的方法是在 ISBSG 儲存庫中識別出足夠的專案，並根據它們的編寫的程式語言分別進行統計分析。

工程化方法要求的模型參數，不能是根據主觀判斷，而是要根據充分的樣本資料點得出，這才具有統計意義。

以下是在資料可用的前提下所需要的準備工作：

- 資料準備
- 統計工具軟體
- 資料分析

這部分內容將與 9.3 節使用來自 ISBSG 儲存庫[17] 的資料一同講解。

---

17 原註：可參考 Abran, A.; Ndiaye,I.; Bourque, P. (2007)《黑盒估算工具的評價：研究報告》，尤其是《軟體過程評估測量方法的改進》軟體過程改進與實務期刊，Vol. 12, no.2, pp, 199-218.

9.3 資料準備

9.3.1 描述性分析

本節使用的資料集是 ISBSG 儲存庫於 1999 年 12 月發布的版本（R9），該版本包括來自 20 個國家 789 個專案的詳細資訊。

首先針對該版本的 ISBSG 儲存庫進行分析，挑出可納入本次分析的專案。

所選擇的專案必須滿足下列標準：

- 資料點的品質沒有疑慮。
  - ▸ ISBSG 管理員會判斷資料是否完全符合 ISBSG 資料收集品質的要求，意指 ISBSG 完全認可所收集的專案資料，然後為每個專案指定一個品質等級。
- 可用的專案工作量（人時）。
- 可用的程式語言。

此外，根據本次研究的目的，只選擇了專案工作量大於或等於 400 人時的專案，是為了排除通常僅由一人完成的小專案所引起的偏差，在這種情況，人員本身的差異也會導致專案效能產生差異。

497 個專案的描述性統計同時完全符合了上述的準則，見表 9.1 的資料。這些專案平均完成時間接近 7,000h，標準差卻大到 13,000h，這也印證了為什麼中位數是 2,680h，而最小值是 400h，最大值卻將近 140,000h。

表 9.1 對 ISBSG R9 合格樣本的描述性分析（*N*=497）

統計函數	工作量（人時）
最小值	400
最大值	138,883

統計函數	工作量（人時）
平均值	6,949
標準差	13,107
中位數	2,680

備註：Abran et al. 2007，經 John Wiley & Sons, Inc 許可後引用

我們選擇使用線性迴歸統計技術來建立這些生產力模型，因為實務人員較熟悉這個技術，而且它更容易於理解，使用上也更簡單。

9.3.2
識別相關樣本與離群值

將 ISBSG R9 中符合要求的專案按照不同的開發語言分組，每個樣本單獨進行分析。

估算的自變數是專案規模，即輸入變數的單位是功能規模（如功能點 FP）。當然，每個樣本的常數是程式語言。

除了這些準則，還需要執行兩個步驟，如下：

- 資料集的視覺化分析。
- 識別出明顯的離群值（見 5.4 節），以判斷規模的分布區間是否合理（見 6.6 節）。

很多軟體工程資料集都是非同質性，呈現楔形分布 [Abran 和 Robillard 1996; Kitchenham 和 Taylor 1984]，並且可能存在影響模型建立與效能的離群值。

- 因此，分析每一個樣本是否存在離群值，以及可直觀辨認出來的分布模式，就可以得出結論：一條簡單的直線不足以代表這組資料。
  - ▸ 例如，一組專案在一段規模區間內，功能規模和工作量的關係是一種模式，而在另一段規模區間內，兩者關係很可能是另一種模式。

▶ 如果能識別出這種模式，那麼這個樣本就要再分成兩組子樣本，當然要在有足夠資料點的前提下，包含離群值的樣本和刪除離群值的樣本都要進行分析。

在各個程式語言樣本中，都使用該方法進行分析。

下一步是按照程式語言把 497 個專案劃分為多個樣本。

● 由於規模較小的樣本缺少統計顯著性，因此為了便於彙報，對少於 20 個專案的程式語言，將不作進一步分析。

本次分析中，五個不同程式語言的樣本如表 9.2 左欄所示，及其對應的資料點數量（N）和每個樣本的功能規模區間。

表 9.2 按照程式語言分類的樣本（包含離群值及剔除離群值的資料），ISBSG 1999 年發布

包含所有資料點以及規模區間			剔除離群值的子樣本以及子規模區間		
程式語言	N	功能規模區間	N	功能規模區間	刪除的離群值數目
COBOL II	21	80-2,000	9	80-180	6
			6	181-500	
Natural	41	20-3,500	30	20-620	2
			9	621-3,500	
Oracle	26	100-4,300	19	100-2,000	7
PL/1	29	80-2,600	19	80-450	5
			5	451-2,550	
Telon	23	70-1,100	18	70-650	5

備註：Abran et al. 2007，經 John Wiley & Sons, Inc 許可後引用

然後，把按照程式語言區分的這五個樣本分別進行分析，見表 9.2 左邊部分，顯示了每個樣本的資料點數量以及它們的規模區間。

● 當圖形化分析顯示樣本中存在離群值可能造成潛在影響時，將把這些離群值刪除並建立子集來做進一步的分析（見表 9.2 的右邊部分）。

★ 圖形識別離群值

　　如果一個樣本中的某個專案比其他類似規模專案的工作量大很多，這表示，與這個樣本的所有專案相比，此專案的規模對工作量的影響程度非常小。

　　在這種情況下，我們可以假設至少存在另一個變數，且這個變數對工作量的影響比較大。

　　這個樣本中的一個專案的工作量，可能比其他類似規模的專案工作量要小得多。

　　這也可以作為一個生產力極端的例子（見第 11 章）。

圖 9.2a 和圖 9.2b 所示，分別是 Oracle 和 COBOL II 的例子。

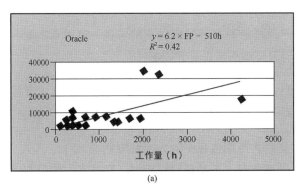

(a)

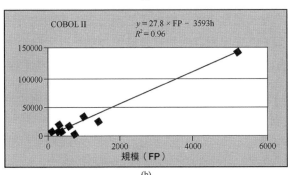

(b)

⬥ 圖 9.2 Oracle 和 COBOL II 所有資料，包括離群值 [經 **John Wiley & Sons, Inc.** 許可後引用]

- 因為我們主要感興趣的是分析規模對工作量的影響，當資料如此明確地呈現出其他變數為主要影響因素時，即有充分的理由刪除它。

★ 離群值的類比

　　透過類比方法，這個刪除資料的步驟等同於進行健康族群樣本的動態研究，不符合這個特徵的人（例如患有絕症），將會被排除在研究外。

每種程式語言刪除的離群值數量，顯示在表 9.2 的右側。

- 第二組樣本中，刪除了影響規模與工作量關係的離群值，包括一些規模很大、對迴歸模型有過分導向作用的專案。
- 本節中，將包含全部資料的樣本以及刪除離群值的樣本都進行了分析，以展示離群值刪除後對於分析結果的影響。

在本節，我們只透過圖形分析來識別離群值。在 5.4.2 節中，我們介紹了更先進的統計技術，用以識別具有統計顯著性的離群值。

接下來，我們透過圖形分析每種程式語言的分布情況，查看是否存在不同的規模－工作量關係模式。我們可以根據下面兩個原因將樣本劃分為子集：

- 不同規模範圍內可能存在不同的線性關係；
- 不同規模區間內有不同的資料點密度（存在不同的分布模式）。

對於有疑問的程式語言樣本，單一線性模型恐怕無法說明這些樣本。可以嘗試探索非線性模型，但透過觀察兩個規模區間內的圖形可以看出，每個區間內都可以找到一個代表該子集的線性模型，並且線性模型較容易理解（見圖 9.2）。

- 規模值較小的區間內，其資料點較多，規模區間範圍也相對較窄。
- 第二個區間資料點較少，而跨越的區間範圍較寬。

9.4　模型品質與模型限制的分析

在本節中，我們將著重在分析一個樣本：使用 Natural 程式語言的專案（專案數 N=41）。

- Natural 程式語言在二十世紀 90 年代後期十分流行，該程式語言只能用於特定資料庫管理系統（DBMS）。

該樣本的迴歸分析如圖 9.3 所示，其中 x 軸為功能規模（以功能點表示），y 軸則為實際工作量。

包含樣本所有資料的線性模型如下：

$$Y = 10.05 \times FP - 649h，迴歸係數\ R^2 = 0.86$$

然而，公式中常數（649h）是負數，這並不合理。

- 當專案規模為 0，減號應該解釋為工作量是負數——這當然是不可能的。

此外，透過圖 9.3(a) 所呈現的資料走勢可知，有部分潛在離群值可能對迴歸模型有過度影響。例如，某專案有 3,700FP，幾乎是大部分專案的三倍大，這表示該專案很有可能影響模型走勢；如果把該專案從樣本中剔除，模型在工作量方面的表達性可能就會顯著降低（迴歸係數 R^2 可能低於 0.86）。

透過圖形分析還可以得出另一個結論。我們可以將該組資料集分成兩個不同子集。

- 一個子集是介於 20FP 到 620FP，有 30 個專案，規模良好（見圖 9.3b）。
- 另一個子集分布較稀疏，有 9 個專案，介於 621FP 到 3,700FP 之間，這個規模區間較大（見圖 9.3c）。

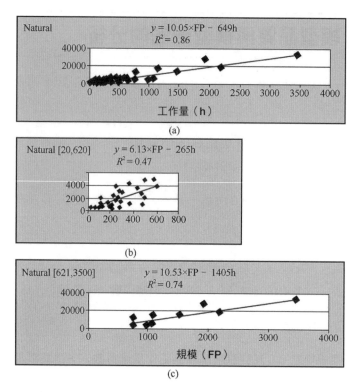

△ 圖 9.3 使用 Natural 程式語言的專案之迴歸分析，（a）N=41（包括離群值）；（b）規模 < 620FP（N=30）；（c）規模 > 620FP (N=9) [Abran et al. 2007，經 John Wiley & Sons, Inc. 許可後引用]

9.4.1
小型專案

我們可以看出，在功能規模是 20 和 620 個功能點之間的專案樣本，自變數和依變數之間只有一種合理的關係，其生產力模型（見圖 9.3b）為：

$$Y = 6.13 \times \text{FP} + 265\text{h}，R^2 = 0.47$$

這個迴歸係數是 0.47，它代表資料點的分散程度，但仍然顯示規模是正向影響工作量的。

在這個模型中，常數 265h 代表與規模無關的工作量，同時正向斜率代表變動成本，意味著當規模增加時，這部分成本也隨之增加。

9.4.2
較大的專案

對於規模大於 620FP 的專案（見圖 9.3c），模型為：

$$Y = 10.53 \times FP - 1405，其 R^2 = 0.74$$

但是，由於該規模區間只有 9 個資料點，因此我們在對資料進行解讀時需要特別謹慎。

該區間的規模相對較大，公式中的常數是負數（-1,405h），與常理不符。

- 意味著該模型不應該在它的樣本資料範圍之外使用，也就是説：
  ▶ 此迴歸模型不適用於 620FP 以下的專案。

9.4.3
對於實務人員的影響

用所有資料樣本建立的模型，迴歸係數最高（R^2=0.86），即便如此，**不表示這個模型就是最實用**。

當實務人員在估算某個專案時，該專案會有一個預估的規模：

- 假設該專案規模估計為 500FP，實務人員最後應該選擇由小型專案所建立的生產力模型：
  ▶ 建立該模型所使用的樣本位於同樣的規模區間且有足夠多的樣本點，其迴歸係數是 0.47（表示在該規模區間中還隱藏了相對較大的偏差），以及在此規模區間內的專案都有一個初始的固定成本。

- 如果我們假設待估算專案的規模為 2,500FP，那麼實務人員既可以選擇根據所有樣本建立的模型，也可以選擇相應規模區間子集的模型。每個模型的優點和缺點如下：
  ▸ 根據全部本建立的模型，資料點更多，且迴歸係數也更高（R2=0.86）；
  ▸ 根據大型專案子集建立的模型只有 9 個資料點，且迴歸係數較小（R2=0.74），因為只有 9 個專案，因此此模型的統計學代表性較弱。

儘管有上述這些準則，從大型專案子集所生成的模型應該要作為估算使用，因為該模型為管理者提供了最具關聯性的資訊。

- 只用 9 個大型專案資料建立的模型說明這個樣本容量很小，在使用時需特別注意。
  ▸ 專案經理需要估算結果（一個數字），但也需瞭解這個數字可信度之相關資訊和使用風險。**該模型可以為專案經理提供最近似的相關資訊。**

- 如果使用整個資料集建立模型，由於資料分布較為稀疏，就會降低模型的可信度。
  ▸ 如果忽略這個事實，在估算大型專案（2,500FP）時，專案經理對估算結果的信心過高，但實際上資料沒有提供如此高的可信度。那麼該模型**沒有為專案經理提供最相關的資訊。**

9.5 根據程式語言分類的其他模型

在本節中，我們將介紹用五種程式語言的專案資料建立的模型，其中每一種程式語言都有 20 個以上的專案資料。

表 9.3 的線性迴歸模型是直接使用 ISBSG R9 儲存庫中的資料所建立：

- 左邊是五個樣本，包含離群值以及樣本資料所在的規模區間。
- 右邊是刪除了離群值後的樣本。
  ▸ 部分樣本按照規模區間再分為子集，是透過上一節介紹的相同方法，進行圖形分析後所得到的結論。

表 9.3 展示了每個模型的迴歸係數 R^2。其中三個直接用 ISBSG 儲存庫得來的模型展示在圖 9.4 中，它們分別是：

- ▸ Oracle (100, 2000)
- ▸ PL1 (80, 450)
- ▸ Telon (70-650)

從生產力模型的 R^2 分析（包括離群值和刪除離群值）可以看出，離群值是如何扭曲規模與工作量的關係。例如：

（A）跟多數資料點相比，離群值背後可能隱藏著更強的規模與工作量關係。

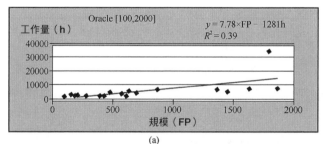

(a)

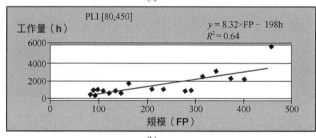

(b)

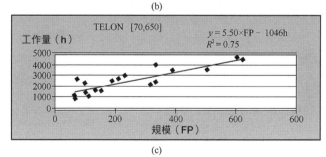

(c)

○ 圖 9.4 直接由 ISBSG 資料庫得來的生產力模型

[Abran et al. 2007，經 John Wiley & Sons, Inc. 許可後引用]

> ### 📌 PL1 樣本
>
> PL1 樣本（包括離群值）的 R^2 很小，只有 0.23。
>
> 然而，當我們從該樣本的 29 個專案中排除五個離群值後，該樣本可分為兩個規模區間，其規模與工作量關係對應的 R^2 值分別為 0.64 和 0.86。

（B）離群值有時可能會導致資料看起來存在規模與工作量的關聯關係，這種關係有時甚至比刪掉離群值之後的資料點之間的關聯性更強。

> ### 📌 C++ 樣本
>
> C++ 樣本（包含離群值）的 R^2 是 0.62，共 21 個專案（在上一個表格中沒有顯示），誤導我們相信規模和工作量之間有強烈關聯性。
>
> 然而，其中四個離群值對於包含所有樣本的迴歸模型有重大且不當的影響。如果把它們排除在外，會導致模型中的規模與工作量關係變得非常薄弱（ R^2 小於 0.1）。當然，這個結論只對這個資料集中的這個樣本有效，不能通用於所有 C++ 資料集。

對於樣本的不同子集（包含離群值與刪除離群值），我們可建立不同的線性模型，當然規模與工作量的相關程度也會不一樣。

COBOL II 樣本：

- 80-180 功能點規模區間的 R^2 是 0.45。
- 181-500 功能點規模區間的 R^2 是 0.61。

由此可以看出，分類後分別建立的模型更有代表性，也可以為專案經理提供更詳細的資訊。根據每個樣本建立的模型，規模與工作量關係的直線斜率相差較大，該斜率：

- 從最低的 Telon 5.5h/FP（規模區間：70-650FP），
- 到最高的 COBOL II 26.7h/FP（規模區間：181-500FP）。

這顯示出，對於差不多相同的小規模區間，使用 COBOL II 的專案變動成本比使用 Telon 高出五倍。

- 不過，需要注意在 181-500 規模區間內，只有六個 COBOL II 專案，且固定成本是負數。因此，這種比較的代表性很有限。

觀察表 9.3 右邊（生產力模型，刪除離群值），樣本可以根據其規模與工作量關係分為兩組：

（A）對於 $R^2 > 0.7$ 的程式語言，表示規模與工作量有強相關。
- Natural 的規模區間為 631-3,500FP。
- Telon 的規模區間為 70-650FP。

（B）對於 $R^2 < 0.7$ 的程式語言，表示規模與工作量是弱相關。
- 需要注意的是，對於某些子集的資料點較少（$N < 20$），或者範圍區間對於其所包含的資料點數目來說太大了。

★ PL1 樣本

以 PL1 來說，有五個資料點在 451 與 2,550 功能點之間，斜率較為合理，固定成本是負數（但很小）；雖然 R^2 是 0.86，但只能作為參考和嘗試模型，因為在此範圍內的樣本太分散了。

表 9.3 根據 ISBSG 資料得來的迴歸模型（包含離群值與不含離群值）

包含離群值的樣本					不含離群值的樣本			
程式語言	專案數量	規模區間	生產力模型（線性迴歸方程式）	R2	專案數量	規模區間	生產力模型（線性迴歸方程式）	R2
COBOL II	21	80～2,000	$Y = 28 \times FP - 3593$	0.96	9	80～180	$y = 16.4 \times FP - 92$	0.45
					6	181～500	$y = 26.7 \times FP - 3340$	0.61

程式語言	專案數量	規模區間	生產力模型（線性迴歸方程式）	R2	專案數量	規模區間	生產力模型（線性迴歸方程式）	R2
		包含離群值的樣本				不含離群值的樣本		
Natural	41	$20 \sim 3,500$	$y = 10 \times FP - 649$	0.85	30	$20 \sim 620$	$y = 6.1 \times FP + 265$	0.47
					9	$621 \sim 3500$	$y = 10.5 \times FP - 1405$	0.74
Oracle	26	$100 \sim 4,300$	$Y = 6.2 \times FP + 510$	0.42	19	$100 \sim 2000$	$y = 7.8 \times FP - 1281$	0.39
PL/1	29	$80 \sim 2,600$	$y = 11.1 \times FP + 47$	0.23	19	$80 \sim 450$	$y = 8.3 \times FP - 198$	0.64
					5	$451 \sim 2550$	$y = 5.5 \times FP - 65$	0.86
Telon	23	$70 \sim 1,100$	$y = 7.4 \times FP + 651$	0.85	18	$70 \sim 650$	$y = 5.5 \times FP + 1046$	0.75

備註：Abran et al. 2007. 經 John Wiley & Sons, Inc. 許可後引用

每個迴歸模型的效能分析，見表 9.4，包含下方提及的品質標準，第六章的 6.2.3 節中有詳細的介紹：

- 相對均方根（*RRMS*）誤差
- 預測水準 *PRED*（0.25）

RRMS 誤差 <30% 且 *PRED* (25%) >55% 的三個最佳模型為 COBOL II [80, 180]、PL1 [451, 2550] 和 Telon [70, 650]。

表 9.4 ISBSG 迴歸模型效能（刪除離群值的樣本）

程式語言和規模區間	RRMS（%）	PRED（0.25）
COBOL II [80, 180]	29	78
COBOL II [181, 500]	46	33
Natural [20, 620]	50	27
Natural [621, 3500]	35	33
Oracle [100, 2000]	120	21
PL1 [80, 450]	45	42
PL1 [451, 2550]	21	60
Telon [70, 650]	22	56

備註：Abran et al. 2007，經 John Wiley & Sons, Inc. 許可後引用

> ★ **使用 Natural 程式語言的專案樣本**
>
> 對於使用 Natural 程式語言的樣本，其 *RRMS* 說明了：
>
> 以估算過高或和過低的可能性來看，[20, 620] 規模區間的 30
> 個小專案是 50%，[621, 3500] 區間的 9 個專案是 35%，而它們
> 相對應的 *PRED* 分別是 27% 和 33%。

以上模型的效能水準來自於多個組織的資料集，它們是根據：

● 單一自變數（功能規模）；

● 程式語言裡的一個固定條件約束，並且刪除了樣本中明顯的離群值；

● 以可能的規模與工作量關係為基礎觀察圖形中的樣本分布情況，把樣本分
  為兩個子規模區間；

● 每個子規模區間有足夠的樣本點。

在表 9.2 和表 9.3 中，很多模型的常數都是負數。在生產力模型中，這意味
著需要做進一步的分析，並探討其實際意義以及需要採取的措施。下文中的實務
建議，我們在 2.4.1 節中曾闡述過，該建議有助於進一步的分析。

> ★ **常數為負數的線性迴歸模型**
>
> 實務建議：
>
> （A）在 *x* 軸上識別出與模型交叉的規模值。
>
> （B）把資料集分成兩個子集：
>
> > 1. 從 0 到模型與 *x* 軸的交叉點之間為一組；
> >
> > 2. 大於交叉點之後的資料為一組。
>
> （C）為每個子集建立兩個模型（1. 規模小於交叉點；2. 規
> 模大於交叉點）。
>
> （D）根據待估算專案規模，選擇用模型 1 或模型 2 進行估
> 算。

9.6 總結

在本章中，我們闡述了建立單變數模型的工程化方法，步驟如下。

- 對已完成專案進行資料分析。
- 每次只針對一個變數，分析其與工作量的關係。
- 根據估算目的把一個大的資料集拆分為多個有意義的樣本：
  - ▸ 刪除明顯的離群值；
  - ▸ 建立子集時考慮規模區間內的資料點數量。

注意：我們將在第 10 章介紹建立多變數生產力模型的方法。

在工程化方法中，我們的目標不只是找到生產力模型，而且要透過模型提供有價值的資訊。

為了建立模型，我們使用了 ISBSG 儲存庫，並把儲存庫按照不同程式語言分為多個子集以產生樣本，每個子集都有足夠多的資料點進行統計分析，然後觀察並研究每個樣本規模與工作量的關係，我們注意到，此關係受到兩個因素影響：

  - ▸ 程式語言
  - ▸ 規模區間

- 以上直接得到的模型，跟其他研究人員針對早期小範圍的多組織資料集 [Albrecht 1983; Kemerer 1987] 建立的模型效能一樣好，如果換成更新的軟體專案資料，在相似條件下做出的結果也是一樣的。
- 對於某些程式語言，將同一語言的各組織專案資料合併起來建立的模型，其規模工作量偏差範圍在該報告中已給出（R^2 大約是 0.4）。

此結果說明：

- 對於資訊管理系統領域的專案，在使用相同程式語言的環境下，規模是主要的自變數，它能解釋大部分的工作量變化，這裡的規模是用某一功能規模測量方法測量得到的。

練習

1. 如何使用工程化方法建立模型？

2. 為什麼在建立模型前需要瞭解資料集的描述性統計結果？用表 9.1 解釋為什麼這個環節很重要。

3. 圖 9.2b 中的資料，程式語言 COBOL II 得出的模型 R^2 值很高，為 0.96，請解釋一下為什麼在這個模型中 $R2$ 會造成誤導？

4. 如果你有一個已完成專案的大型資料集（如 ISBSG 儲存庫），你如何確定某個成本因素帶來的影響？請舉出一個具體的例子，說明如何處理成本因素。

5. 你如何在一組已完成專案的資料集中識別出離群值？

6. 離群值對於你建立的模型品質有什麼影響？如果當初建立模型時沒有刪除離群值，會對下一個專案的估算有什麼影響？

7. 請參考圖 9.3，比較這三個模型。對於預計規模是 400FP 的專案，使用哪個模型做估算最好？

8. 在表 9.3 中，很多估算方程式的常數都是負數。你對負的常數如何解釋？在使用這些常數為負數的模型時，要注意什麼？

9. 在表 9.3 的多個模型中，從工作量角度來看，哪一個模型的固定成本最低？哪一個模型的變動成本最低？

10. 以表 9.4 為例，哪一個模型較適合用於估算，是較高的 RRMS 還是較低的 PRED（0.25）？

本章作業

1. 如果你的公司沒有歷史專案儲存庫，當你使用外部資料集（如 ISBSG，或其他相似儲存庫）時，如何驗證相關性？對於這樣的公司你有何推薦？

2. 考慮一下你最近做過的三個專案。在這些專案中，請列出對生產力影響最大的三到五個成本因素。再另外列舉 10 個成本因數。請說明最重要的五個成本因素對生產力的影響比重為何（與前面你所列出的 10 個因素相比）？

3. 從 ISBSG 儲存庫中找到一組可用來比較的專案作為基準，跟你們公司的生產力模型進行比較。

4. 根據你選定的規則，從 ISBSG 儲存庫中選擇一組資料子集，圖形化其功能規模與工作量的關係，所得到的圖形是什麼形狀的？請解釋說明。

5. 根據歷史資料建立生產力模型的三個主要步驟是：資料準備、統計工具使用、資料分析。請記錄在你的公司如何實施這三個步驟。

6. 如果你的公司沒有根據歷史專案建立生產力模型，請在文獻中選擇一個模型，並進行類似的分析。上述提到的步驟，哪一個步驟會比較薄弱？哪一個步驟比較扎實？

7. 請選擇一個文獻中有記載、用統計學分析建立的模型。在資料準備階段和統計分析階段是如何處理離群值的？

如果輸入的資料是垃圾，沒理由期望輸出
結果會是有用的東西！

建立含有分類變數的模型[18]

學習目標

如何建立多變數模型

如何用簡單的方式定義分類變數

從單一資料集建立多個模型時，

如何利用業界案例資料得到其他變數對模型的影響

10.1 概述

生產力模型是基於生產力的基本概念建立的，生產力的定義為：產出與投入的比率，也就是每單位投入的產出量。

軟體規模被視為估算專案工作量的模型在建構中的重要因素。此外，還有很多因素也可能影響專案工作量，例如：

- 進行全面的系統測試之需要
- 關於資源可用性的重要限制
- 功能複雜度
- 技術複雜度
- 高重用度或低重用度

在一般的情況下，研究人員和實務人員得到的資料集太小，而無法對多個自變數同時進行分析。即使是 2013 年發布的 ISBSG 儲存庫擁有 6,000 個專案，但如果要同時對超過 100 個變數進行分析研究，資料集還是太小，不敷使用。

> ▶ 舉例來說，在 ISBSG 儲存庫中的非必填項目，通常沒有填寫資料的居大多數，這就會導致在進行統計分析時，所需資訊的資料點非常少。

此外，在這類儲存庫中，很多我們所感興趣的變數並不是以量化的數值來表達，而可能是以分類的方式，例如：開發方法、開發平台、資料庫管理系統、業務領域、應用類型。

本章介紹建立多變數模型的方法，包括含有非量化變數的模型。這個方法在 Abran et al. [2002] 對一組資料的分析過程中也有介紹。

本章的內容結構如下：

- 10.2 節說明可用的資料集

---

18 原註：可參考 Abran, A.; Silva, I.; Primera,L.(2002),《使用功能規模測量對維護類軟體建立估算模型的研究》，軟體維護和演變期刊；研究與實踐，Vol.14,pp.31-64。

10.2 可用的資料集

在本章中，建立生產力模型所使用的資料集來自同一個組織。該組織負責為國防產業設計、開發和實作系統。

- 它是一個國際組織的分部，其軟體部門主要負責開發及維護即時嵌入式軟體（real-time embedded software）。

在本例中，我們所測量和分析的專案都是針對同一個應用軟體，包括對其功能的新增與修改。這表示很多因素都是常數，例如：

- 軟體類型
- 軟體領域
- 開發環境（平台、儲存庫管理系統、測試工具等）
- 程式語言
- 強化方法

因此，與 ISBSG 儲存庫這種包含多個組織的資料集相比，該資料集在應用領域和技術環境方面比較統一。

- 表示在這種特定環境下，根據我們的目標，可以把這些因素當作常數且不會影響與工作量的關係。

專案的功能性規模（新增或修改）是使用 COSMIC 功能規模方法去測量。

- 對現有軟體的功能新增或修改，根據 COSMIC 規則，軟體內功能使用者需求的規模變更，是透過累加相關受影響的資料移動規模得到的，根據下列公式：

$$規模_{CFP}(變更) = \Sigma \ 規模(新增的資料移動_i)$$
$$+ \Sigma \ 規模(修改的資料移動_i)$$
$$+ \Sigma \ 規模(刪除的資料移動_i)$$

工作量（按人時統計）是從組織的工時彙報系統中取得的，能夠統計出每一個功能強化專案所需的工作量。

部分專案在分析階段的工作量沒有記錄，因此我們只考慮分析階段以外的剩餘工作量，以確保該自變數資料的一致性。

該產業資料集包括了針對國防系統的 21 個功能強化專案，用於實作該系統軟體組件的功能性強化作業。使用第五章 5.4.2 節介紹的圖形分析和統計檢驗可以識別出兩個離群值，並將它們刪除。

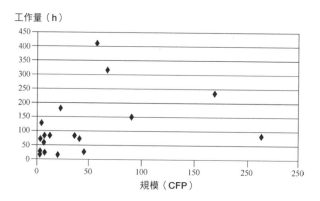

△ 圖 10.1 資料散點圖——排除了兩個離群值（N=19）

[Abran et al. 2002，經 Knowledge Systems Institute Graduate School 許可後引用]

對刪除離群值後的 19 個專案進行視覺化分析（見圖 10.1）表明，在功能規模和工作量之間是正相關的關係，即使這種相關性看起來比較弱。

此外，我們可以看出，在這個資料集中有一定的異方差（heteroskedasticity）——資料呈楔形分布，表示單變數迴歸模型不見得是很好的模型。

- 這種分布形狀告訴我們，在該組織中至少存在另一個重要的變數，會對專案工作量造成顯著的影響。

10.3 單一自變數的初始模型

10.3.1
只包含功能規模變數的簡單線性迴歸模型

只有一個功能規模自變數的線性迴歸模型，對 19 個觀測樣本（參考圖 10.2）可以建立出下列的方程式：

$$工作量 = 0.61 \times CFP + 91h\ (R^2 = 0.12 ; n = 19)$$

這個線性模型並不是強烈正相關，R^2 只有 0.12，這意味著：

● 專案工作量中只有 12% 的變化是與功能規模相關的，此規模是以 CFP 測量的。

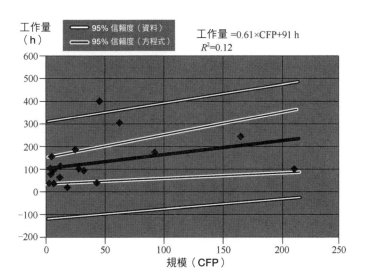

△ 圖 10.2 線性迴歸（N=19）

[Abran et al. 2002，經 Knowledge Systems Institute Graduate School 許可後引用]

10.3.2
功能規模的非線性迴歸模型

我們同時也對其他形式的迴歸模型進行了研究，結果見表 10.1。在該表中，R 是實際值 Y 跟方程式得出的預測值之間的相關係數（coefficient of corelation），所得到的非線性模型為：

- 冪函數（power）
- 指數函數（exponential）
- 對數函數（logarithmic）
- 雙曲線模型（hyperbolic model）的兩種形式

表 10.1 非線性迴歸模型（N=19）

		N	A	B	R	R2
$y = A * XB$	冪	19	43.808	0.245	0.50	0.245
$y = A * e^{(B * X)}$	指數	19	63.067	0.006	0.39	0.15
$y = A + B * \ln(X)$	對數	19	44.121	29.29	0.51	0.26
$y = A + B/X$	雙曲線 1	19	132.463	−48.330	0.32	0.10
$y = 1/(A + (B * X))$	雙曲線 2	19	0.022	−8.8E-05	0.31	0.09

備註：Abran et al. 2002，經 John Wiley & Sons, Inc 許可後引用

根據方程式可以得知，R 值愈大（最大值 =1）則相關度愈高，而 R^2 是指模型中依變數的變異性可以被方程式解釋的百分比。

從表 10.1 我們可以看到，相較於線性模型，這些非線性迴歸模型並沒有顯著的改進。

10.4 包含兩個自變數的迴歸模型

10.4.1
包含兩個量化自變數的迴歸模型

接下來，我們要研究有多個自變數的迴歸模型（功能規模和另一個變數）。首先，分析其他變數各自對規模與工作量關係有多少影響。

第二個變數：程式碼行數及修改的程式總數

對於第二個量化的自變數，像是 CFP 總數、程式碼總數、修改的程式碼行數總數或修改的程式總數，將其加入線性迴歸模型，以公式 $y = ax + bz + c$ 代入。

對於本資料集，引入這些量化的自變數並沒有明顯提高迴歸模型的相關性。

例如，有兩個自變數的模型（功能規模和修改的程式總數）如下：

$$Y = a \times \text{CFP} + b \times (\text{修改的程式總數}) + c$$

$$Y = 0.78 \times \text{CFP} - 3.62 \times (\text{修改的程式總數}) + 98$$

- 此多元迴歸模型引入了修改的程式總數作為另一個變數，R^2 值一樣是 0.12，跟簡單線性迴歸模型相比並沒有改進。

10.4.2
包含分類變數的多元迴歸模型：專案難度

分類變數作為第二個專案變數

為了提高模型的相關性，我們選擇的第二個自變數是專案**難度**。

因為專案難度沒有統一的定義，也沒有方法對該變數進行測量，因此我們對專案難度做出以下四個等級的定義：

- 不困難
- 困難
- 很困難
- 極度困難

該變數被定義為分類數值，且為順序尺度（從不困難到極度困難）。

每個功能強化專案的難度等級，是由執行這些專案的人員指定的。

- 他們根據專案文件記錄以及本身經驗來判定專案難度等級。
  - ▸ 在業界，專案難度等級是由**相關領域的專家**判定的。

在這種規模（19個專案）的樣本中，從統計學的角度來看，使用這四個難度等級會有困難，因為某些難度等級（只有一、兩個專案）的可用資料太少，也就是說，某些難度等級沒有足夠多的資料去建立生產力模型。

因此，建議對分類變數進行簡單分類。

- 我們可以這樣做：把四個等級的難度變數重新分為兩個等級——低難度和高難度。

第二個變數的相加形式

即使分類變數不是量化變數，還是可以引入迴歸模型中，透過設定虛擬變數（每個分類變數類別對應一個虛擬變數）的方式來完成，請參考下方的圖示。

以下的迴歸模型，將分類變數專案難度依下列設定取高低值。

$$難度 = 1, 高難度等級$$
$$難度 = 0, 低難度等級$$

按照難度低到高所建立的相加模型，在規模和工作量關係式中，把每個難度等級視為同等重要，以下列公式表示：

$$y = ax + bz + c$$

其中，

如果 $z = 0$，則 $y = ax + c$，或者，
如果 $z = 1$，則 $y = ax + (b + c)$

該樣本有 19 個專案，因此模型的總體運算式為：

工作量 $= 0.92 \times CFP + 126 \times$ 難度 $+ 26$，其中，R^2 為 0.42

考量難度等級高低值，生成以下兩個模型（參考圖 10.3）：

如果難度 $= 0$，則工作量 $= 0.92 \times CFP + 26h$
如果難度 $= 1$，則工作量 $= 0.92 \times CFP + 126 + 26 = 0.92 \times CFP + 152$

該模型（包含難度等級變數）的決定係數 $R^2=0.42$，雖然比簡單線性迴歸模型好，但還不夠好。

如圖 10.3 所示，我們可以看到，這兩個迴歸模型：

● 斜率是一樣的（0.92）。

它們是平行的，而且：

● 當 CFP=0 時，它們的起始點不同（當專案難度低時，工作量為 26 小時；當專案難度高時，工作量為 152 小時）。

這是相加模型的常見形式。

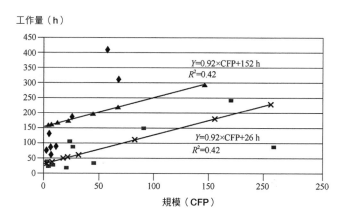

⌀ 圖 10.3 可相加模型（N=19）[Abran et al. 2002，經 John Wiley & Sons，Inc. 許可後引用]

在圖 10.3 中，方形的點代表低難度的專案，菱形的點代表高難度的專案。

多元迴歸模型：相乘形式　對於相加模型來說，規模的影響與難度變數無關。為了把規模影響考慮在內，我們新增了一個變數：

- 難度與規模的相互作用，將這兩個變數相乘，以下列公式表示：

$$（ 難度 \times CFP ）$$

把這個變數引入模型中，有助於識別這兩個變數相乘之後對規模和工作量關係的影響。

- 當然，這會讓相加模型中這兩個方程式之間的平行關係消失。

相乘模型的一般公式為：

$$Y = \alpha X + \beta Z + \gamma (X \times Z) + \mu，意即：$$
$$工作量 = \alpha\, CFP + \beta\, 難度 + \gamma\, (CFP \times 難度) + \mu$$
$$如果難度 = 0，則工作量 = \alpha\, CFP + \mu$$
$$如果難度 = 1，則工作量 = (\alpha + \gamma)\, CFP + (\mu + \beta)$$

難度變數由 γ 表示，它會對變數 CFP 造成影響，當難度變數取值 0 和 1，會導致迴歸模式方程式的斜率和常數有所改變。

多元線性迴歸模型方程式的一般公式為：

工作量 $= 0.64CFP + 41.94$ 難度 $+ 3.85$（難度 $\times$ CFP）$+ 41$，其中 $R^2=0.75$

- 此相乘模型的 R^2 為 0.75，跟之前單變數的線性模型或是兩個自變數的相加模型相比，R^2 大幅提升。
- 此外，跟難度與規模有關的分類變數，其係數也具有統計學意義，p 值 <0.05。

難度高和難度低的方程式分別為：

如果難度 $= 0$，則工作量 $= 0.64 \times CFP + 42$，其中 $R^2=0.47$，$n=8$
如果難度 $= 1$，則工作量 $= 4.49 \times CFP + 83$，其中 $R^2=0.78$，$n=11$

這些方程式如圖 10.4 所示,清楚展示了功能規模和難易程度都可以影響專案工作量,因此在進行估算時,我們需要將這兩個重要變數考慮在內。

此外,圖 10.3 和圖 10.4 的圖形化分析也顯示了,規模最大的專案(第一個專案,216CFP)屬於難度低的專案,其工作量水準也比較小的專案低很多,跟整個資料集的趨勢並不一致。

工作量(h)

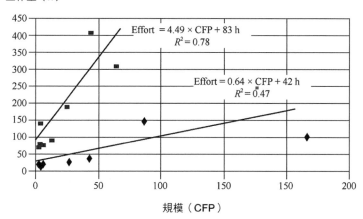

○ **圖 10.4 相積模型**(*N*=19)**[Abran et al. 2002,經 John Wiley & Sons, Inc. 許可後引用]**

- 第一個專案的異常可以視為是由其他隱藏因素導致的。
  ▶ 因此,可以把它從樣本中刪除,留待以後再驗證其對相乘模型的影響。

刪除一個專案後(*N*=18),我們將其套用到相乘模型的公式($Y = \alpha X + \beta Z + \gamma (X \times Z) + \mu$),得到模型如下:

$$工作量 = 1.25 \times CFP + 56 \times 難度 + 3.24 \times (難度 \times CFP) + 27$$
$$其中 R^2 = 0.84,n = 18$$

難度高和難度低的模型方程式分別如下:

如果難度 = 0,則工作量 = 1.25 × CFP + 27,其中 R^2=0.87,*n*=8
如果難度 = 1,則工作量 = 4.49 × CFP + 83,其中 R^2=0.78,*n*=10

調整後的迴歸模型 R^2 為 0.84，比之前的模型相關係數更高，且 CFP 變數與之前兩個變數的相乘形式一樣，p 值 <0.05，都是在統計學上有意義的（見圖 10.5）。

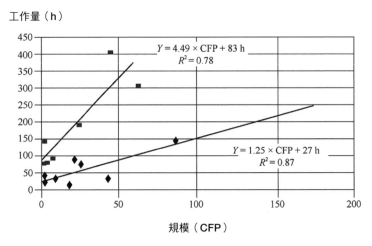

工作量（h）

$Y = 4.49 \times CFP + 83\ h$
$R^2 = 0.78$

$Y = 1.25 \times CFP + 27\ h$
$R^2 = 0.87$

規模（CFP）

⊙ **圖 10.5** 相乘模型（N=18）[Abran et al. 2002，經 John Wiley & Sons, Inc 許可後引用]

表 10.2 是樣本 N=19 與樣本 N=18 的相乘模型比較結果。

表 10.2 模型品質參數比較（Abran et al. 2002，經 John Wiley & Sons, Inc. 許可後引用）

模型 （樣本規模）	R^2	MMRE(%)	PRED(±25%)		PRED(±30%)		PRED(±35%)	
			專案數量	%	專案數量	%	專案數量	%
相乘（N=19）	0.75	0.51	10	52.6	12	63.2	14	73.7
相乘（N=18）	0.84	0.40	10	55.5	12	66.7	14	77.8

除了迴歸係數（R^2）從 0.75 提升到 0.84，MMRE 也從 0.51 降到 0.40（*MMRE 愈低愈好*）。

- PRED（25%）還是比 Conte [1986] 推薦的 10 個專案 56% 的 PRED（25%）要高。

- 這已經是很大的改進，其他專案也很接近這個水準。
  - ▸ 再來看 PRED（35%），77% 專案都處於這一區間內，對於功能優化專案來說是相當不錯的進展，因為在這類專案中可能會有個人因素所導致的顯著偏差，即使是大型開發專案也無法透過管理上的平衡來避免的。

10.4.3
自變數之間的相互作用

需要注意的是，將每個自變數（成本動因）的影響相加的方法是根據這樣的假設——即這些成本動因之間是獨立的，且沒有互相交叉作用。

- 在實務上，大多變數對於工作量可能都有交互影響，在建立模型的時候也需要考慮這一點。

有多種統計技術可以區分並量化多元變數之間的交叉影響。

例如，包含了兩個變數的模型，其方程式會是：

$$工作量 = a \times (規模 \times F_1) + (規模 \times F_2) + c \times (規模 \times F_1 F_2) + d$$

這個方程式中，c 代表 F1 和 F_2 相互作用的係數，如果 F_1 和 F_2 之間沒有交互作用，方程式為：

$$工作量 = a \times (規模 \times F_1) + b \times (規模 \times F_2) + d$$

練習

序號	工作量（h）	軟體 總功能規模 （CFP）	修改後的 軟體功能規模 （CFP$_{修改}$）	難度等級 （兩個等級：低 -L，高 -H）
1	88	360	216	L
2	956	984	618	L
3	148	123	89	L
4	66	40	3	H
5	83	16	3	H
6	34	18	7	L
7	96	120	21	L
8	84	88	25	L
9	31	151	42	L
10	409	75	46	H
11	30	36	2	L
12	140	7	2	H
13	308	125	67	H
14	244	232	173	L
15	188	53	25	H
16	34	44	1	L
17	73	22	1	H
18	27	6	1	L
19	91	53	8	H
20	13	37	19	L
21	724	248	157	-

1. 請闡述定量變數、分類變數、名目變數之間的不同點。說明如何在迴歸模型中處理這些不同類型的變數。

2. 上述表格為本章案例研究的完整資料集，請用圖形分析和統計分析兩種方法識別出專案中的離群值。

3. 刪除規模最大的五個專案，刪除後對線性迴歸模型的影響是什麼？刪除最小規模的五個專案，刪除後對線性迴歸模型的影響是什麼？請說明這兩個迴歸模型的差異性。根據你的觀察，你會如何向上級推薦？在什麼情況下要使用哪一種生產力模型？

4. 重複練習第 3 題，這次使用指數型迴歸技術來建立模型。

5. 改變第 10 個專案的難度分類（從難度高改為難度低），並重新生成相加迴歸模型和相乘迴歸模型。

6. 建立一個相乘迴歸模型，要將下列定量變數考慮在內：軟體的總規模（第三欄）以及修改功能的規模（第四列）。

本章作業

1. 用你們公司收集的專案資料去識別分類變數，並建立相加迴歸模型和相乘迴歸模型。

2. 使用 ISBSG 的專案資料，識別分類變數並建立相加迴歸模型和相乘迴歸模型。

我們都不希望哪一個專案後期增加的投入
是當初估算的三四倍吧！

CHAPTER

11

生產力極端值對估算的影響

11.1 概述[19]

　　有時，軟體專案之間的生產力可能差距非常大：兩個規模相似的專案，其中一個可能比另一個花費的工作量多很多。這樣的專案確實存在，而且我們都很有可能會遇到。那麼，能否盡早識別出這些專案，以便在估算階段採取必要的特別預算編列呢？

　　對於軟體估算來說，在軟體專案儲存庫中識別出生產力偏差過大的專案，並分析引起這些重大偏差的原因至關重要，這有助於解釋何以生產力過高或過低。

- 如果可以在專案早期就識別出這些原因（可作為自變數的成本動因），便可以作為附加的自變數或影響工作量的調整因素引入軟體估算中。

　　為了探討這個問題，我們會在本章使用 ISBSG 儲存庫來完成以下任務：

- 識別出生產力跟其他專案明顯不同的專案；
- 探索對這些專案的生產力有顯著影響（正面影響或負面影響）的因素。

　　篩選這類專案的標準是生產力過低或過高，也就是單位工作量很低或很高。

　　識別出這些專案之後，我們可以透過啟發式方法來探索其他專案參數，以確定哪些可以解釋在相似的規模區間內，為何這些專案出現生產力極端值，將它們視為候選的解釋變數（explanatory variable）。

　　本章的內容結構如下：

- 11.2 節說明如何識別生產力極端值。
- 11.3 節展示生產力極端值的分析結果。
- 11.4 節探討從支持決策的調整階段可以學到什麼。

---

19 原註：更多資訊請見 Paré, D., Arban, A.,《在 ISBSG 資料庫中明顯的異常情況：研究報告》，Metrics News, Otto Von Gueriske Universitat, Magdeburg(Germany),vol.10,1,August 2005, pp.28-36(Paré 2005).

11.2 識別生產力極端值

圖 11.1 展示的是 118 個用 C 語言開發的專案。這些專案來源為 ISBSG R9 儲存庫：功能規模是以功能點（FP）為單位，用 x 軸表示；工作量以小時統計，用 y 軸表示。

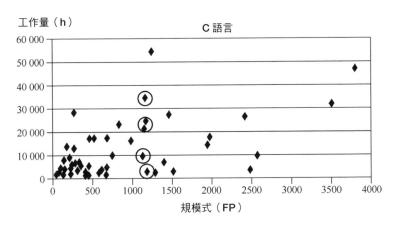

△ 圖 11.1 ISBSG R9 中的 C 語言專案（N=118）

[Paré and Abran 2005，經 Otto von Gueriske Universitat, Magdeburg 許可後引用]

從這張表中可以看出，對於功能規模 1,300FP 左右的專案，某些專案（以圓圈表示）的工作量可能很低（幾百個小時），而其他類似規模的專案，工作量卻可能多出好幾個量級（2,000 ～ 30,000h 不等）；也就是說，相同規模的專案，會有很多生產力過高或過低的不同情況。

圖 11.2 是 ISBSG R9 儲存庫中的 COBOL 2 專案。為了便於說明，我們圈出了其中 15 個專案，因為這些專案在它們所在的規模區間中（功能規模 500-2,500FP 間）有很低的工作量，甚至比它們小 10 到 20 倍的多數專案還要少。

- 代表這些專案擁有非常高的單位工作量（在 10-20 的範圍內）。

很顯然，有很多其他成本動因（自變數）存在，它們可以解釋這些專案何以能花費最少的工作量。

11.3 生產力極端值的研究

識別了生產力極端值所在區域的專案之後，我們可以把這些專案跟相似規模或工作量的專案進行比較，研究是否存在其他有記錄的變數可以解釋這類專案的規模與工作量關係。

為了對 ISBSG 儲存庫進行分析，我們根據啟發式方法選擇了各種檢驗，對 ISBSG 儲存庫中的一些變數進行分析，如圖 11.2 所示。

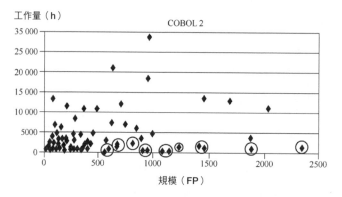

◔ 圖 11.2 單位工作量很低的專案（ISBSG R9，COBOL 2），*N*=115 [Paré and Abran 2005，經 Otto von Gueriske Universitat, Magdeburg,Germany 許可後引用]

- 只有八個變數的分析結果，可以從實務角度去解釋極端的生產力數值。接下來，在討論這些分析結果之前，首先要研究單位工作量很低的專案，其次，研究單位工作量很高的專案。

11.3.1
單位工作量很極低的專案

表 11.1 和表 11.2 展示了根據啟發方法識別出的多個變數，這些變數對於專案生產力表現出極端值有一定的影響。這些變數如下所述：

1. 支援測量軟體執行的作業系統（O/S）
2. 測量軟體所使用的主要儲存庫管理系統（DBMS）
3. 由 ISBSG 儲存庫經理評估的資料品質評分（DQR，見第 8 章中表 8.5 的定義）
4. 資源等級（RL）：記錄工作量的人員（見第 8 章中表 8.1 的定義）
5. 提交資料的組織類型
6. 參考表方法：IFPUG 功能點方法中用於計算軟體中程式碼表的方法 [20]

表 11.1 C 語言專案極低單位工作量的解釋變數（ISBSG R9, N=118）

所分析的變數	所分析變數的觀測數	極端專案的測量數 （比率及百分比）	非極端專案的觀測數 （比率及百分比）
O/S	AIX	**3/7** (43)	**4/89** (4)
Primary DBMS	Sybase	**4/7** (57)	**4/111** (4)

備註：Paré and Abran 2005，經 Otto von Gueriske Universitat, Magdeburg,Germany 許可後引用

表 11.2 COBOL 2 專案極低單位工作量的解釋變數（R9, N=115）

所分析的變數	觀測值	極端專案的測量數 （比率及百分比）	非極端專案的觀測數 （比率及百分比）
DQR	D	**13/14** (93)	**8/101** (8)
RL	2	**14/14** (100)	**36/101** (36)
組織類型	保險	**14/14** (100)	**21/101** (21)
參考表方法	作為輸入計數	**14/14** (100)	**21/101** (21)

備註：Paré and Abran 2005，經 Otto von Gueriske Universitat, Magdeburg,Germany 許可後引用

在上述表中：

- 透過啟發方法檢驗的變數在最左邊的欄位
- 檢驗出的這些變數值，在專案中最常見的觀測值顯示在左邊第二欄

---

20 原註：這是 IFPUG 方法的特性：取決於所選擇的 IFPUG 版本中對應的碼表，在測量功能點數量方面會造成很大差異。

- 右邊兩欄則顯示了所有樣本觀測值的觀測數量 [21]：
  - ▸ 右邊第二欄：生產力為極端值的專案子集
  - ▸ 最右邊欄位：樣本中摒除極端值以外的專案

單位工作量極低的 C 語言專案

在 C 語言專案的樣本中，有兩個候選解釋變數可以解釋較低的單位工作量（見表 11.1）：

- AIX 作業系統，有 47% 的極端專案都使用該作業系統，而只有 4% 的非極端專案使用該作業系統。
- Sybase 作為主要 DBMS，有 57% 的極端專案都使用該儲存庫，而只有 4% 的非極端專案使用該儲存庫。

單位工作量極低的 COBOL 2 專案

對於 COBOL 2 專案的樣本，有四個候選解釋變數可以解釋較低的單位工作量（見表 11.2）。例如，幾乎所有單位工作量較低的專案，這四個變數的值都一樣（見表 11.2 中間欄位）：

- 14 個專案中，有 13 個專案（93%）的 DQR 都非常低（DQR=D）。
- 工作量 RL=2（該資源等級包括直接參與開發人員及提供支援人員的工時）。
- 組織類型＝保險業。
- 用來進行規模測量的 IFPUG 版本把每個程式碼表都作為外部輸入。

反之，對於 101 個非極端專案（見表 11.2 最右欄），以上特點就沒有很常見──從 8% 到 36% 不等。

21 原註：在 118 個 C 語言專案中，只有 7＋89＝96 個有 O/S 領域相關的資料。

11.3.2
單位工作量極高的專案

在本節中，我們要看單位工作量極高的專案，是使用 Java、COBOL、C 和 SQL 的專案。表 11.3～表 11.6 中，透過啟發方法識別了四個變數，這些變數對專案生產力有一定的影響。ISBSG 對於這些變數的定義如下：

- 標準功能點（FP）：用於計算功能點的 IFPUG 標準。
- 最大團隊規模：同時間執行專案的最大（高峰期）人數。
- 資源等級（RL）：見第八章表 8.5 的定義。
- 專案執行時間（PET）：工期，按月表示專案完成開發的時間。

表 11.3 單位工作量極高的 Java R9 專案（N=24）

所檢驗的變數	變數觀測值	極端專案比率	非極端專案比率
FP 標準	IFPUG 版本 4	**4/4**（100%）	**2/20**（10%）

備註：Paré and Abran 2005，經 Otto von Gueriske Universitat, Magdeburg,Germany 許可後引用

表 11.4 單位工作量極高的 COBOL R8 專案（N=412）

所檢驗的變數	變數觀測值	極端專案比率	非極端專案比率
最大團隊規模	> 10	**5/7**（71%）	**27/405**（7%）

備註：Paré and Abran 2005，經 Otto von Gueriske Universitat, Magdeburg,Germany 許可後引用

表 11.5 單位工作量極高的 C 語言 R9 專案（N=16）

所檢驗的變數	變數觀測值	極端專案比率	非極端專案比率
最大團隊規模	> 10	3/4（75%）	3/12（25%）

備註：Paré and Abran 2005，經 Otto von Gueriske Universitat, Magdeburg,Germany 許可後引用

表 11.6 單位工作量極高的 SQL R9 專案（N=26）

所檢驗的變數	變數觀測值	極端專案比率	非極端專案比率
RL	> 2	3/4（75%）	1/22（4%）

所檢驗的變數	變數觀測值	極端專案比率	非極端專案比率
PET	> 15 個月	3/4（75%）	2/22（9%）

備註：Paré and Abran 2005，經 Otto von Gueriske Universitat, Magdeburg,Germany 許可後引用

對於 Java、COBOL、C 語言樣本，我們根據啟發方法分別識別出一個能夠區分出較高單位工作量的變數，即：

- Java 專案是 IFPUG 第 4 版（見表 11.3）；
- COBOL 和 C 專案（見表 11.4 和表 11.5）是最大團隊規模，大於 10 人。

最後，在表 11.6 SQL 樣本中，區別單位工作量較高的兩個變數是：

- 資源等級大於 2，即該資源等級包括客戶和使用者；
- 專案的執行期超過了 15 個月。

11.4 估算的經驗教訓

很多軟體工程資料集當中，都會存在部分專案的單位工作量很低或者很高的現象：顯然，專案中存在的一些成本動因（自變數）導致生產力產生巨大偏差。如果我們能識別出導致這些偏差的原因，將為估算工作吸取到非常重要的經驗教訓。例如，前面關於 ISBSG 儲存庫 R9 版本的分析中，用於識別極端專案的準則是在相對同質性的樣本中，生產力明顯偏低（單位工作量高）或偏高（單位工作量低）的那些專案中發現的。識別出極端專案後，我們便可以透過啟發法研究其他專案變數，以確定可以用於解釋這些專案中異常表現的變數。

在 ISBSG 儲存庫中，我們針對一些程式語言，識別出與**低單位工作量**有潛在關係的候選變數，如下：

- 資源等級 2（只包括開發人員和支援人員的工作量）。
- 組織類型是保險業。

- IFPUG 功能點測量方法中獨特的參考表方法（會使規模「膨脹」，人為提高了生產力的比率）。
- 資料品質評分為 D 級。

在 ISBSG 儲存庫中，我們針對一些程式語言，識別出與**高單位工作量**有潛在關係的候選變數，如下：

- 團隊最大規模超過 10 人。
- 專案執行時間超過 15 個月。
- 工作量資料不僅包含了開發人員和支援人員，還包括了操作人員和客戶參與專案的工作量（工作量等級大於 2）。

IFPUG 功能點方法的版本也被視為候選解釋變數。

當然了，這個候選解釋變數清單並沒有列出所有可能的變數，因此，需要進一步分析：

- 使用更加穩健的方法有系統地識別出極端專案。
- 研究這些極端專案之所以有如此表現的原因。

這些分析將會比較困難且更耗費時間。但是實務人員可以透過這些資訊直接受益：

- 監控這些候選的解釋變數，可以為早期發現潛在的極端專案提供有價值的資訊。對於這些極端專案，應選擇最可能的估算結果：
  ‣ 不在生產力模型預測的範圍內，
  ‣ **而是在其上限或下限邊緣。**

這表示我們**應該選擇**生產力模型預估的**最樂觀值或最悲觀值**。這樣的專案確實存在，在任何公司中都有可能存在這樣的專案。重要的是，我們都不希望哪一個專案後期增加的投入是當初估算的三四倍吧！

1. 圖 11.1 中 700FP 左右的專案規模，其生產力偏差範圍大概是多少？

2. 圖 11.2 中 1,000FP 左右的專案規模，其生產力偏差範圍大概是多少？

3. 在圖 11.2 中圈起來的專案，它們的單位工作量是高還是低？

4. 圖 11.1，在 C 語言的專案中，可以識別出哪些候選變數作為單位工作量過低或過高的影響因素？

5. 表 11.6，SQL 語言的專案中，可以識別出哪些候選變數作為單位工作量過低或過高的影響因素？

6. 問題 5 中所識別出的影響因素，只能在專案結束時才能知道嗎？或是這些因素可以提前知道？如果可以提前知道，你要如何把這些因素整合到風險分析和估算過程中？

本章作業

1. 選擇一個文獻記載的資料集（或從 ISBSG 儲存庫中選擇），以圖形形式呈現，並識別出生產力的範圍。

2. 研究你們公司的資料集。選擇生產力最高的專案和生產力最低的專案。生產力的區別是什麼？導致最高生產力和最低生產力最明顯的因素為何？

3. 你已經在練習 4 中識別了一些影響生產力（導致生產力過高或過低）的關鍵因素。只有在專案結束時才能知道這些因素的值嗎？或是有可能提前知道？如果可以提前知道，如何把這些因素與風險分析及估算過程整合在一起？根據你的發現，提出對公司估算過程的改進建議。

4. 從 ISBSG 儲存庫中選擇樣本，透過對比，找出這些專案在單位工作量方面的極端值。

5. 使用上一個練習中的樣本，比較極端專案的各項因素，並識別出會導致專案單位工作量過低或過高的常見因素。

"

基準對比是將特定實體的測量結果與相似
實體的測量結果進行比較的一個過程。

"

CHAPTER

12

使用單一資料集建立多個模型

學習目標

本章主要透過一個實際資料的例子闡述下列重點：

根據經濟學概念進行資料分析，包括固定工作量和可變工作量

識別某組織的生產力能力水準

主要風險因素對某組織生產力的影響

將該組織的專案與 ISBSG 儲存庫中的類似專案做比較

12.1 概述[22]

在軟體工程領域，開發生產力模型的傳統方法是建立單一生產力模型，模型要包含愈多成本動因（自變數）愈好。要找到符合所有情境的單一完美模型並不容易，因此需要考慮替代方法：建立多個更簡單的模型，這些模型在固定成本和變動成本上更能夠反映出公司效能的主要偏差。

在第 2 章中，我們探討了經濟領域的一些概念（像是固定成本與變動成本，還有規模經濟和規模不經濟），以便識別出軟體基準對比和軟體估算的新方法。在第 12 章中，將介紹一項實證研究，該報告探討了上述經濟學概念在開發量身定做的生產力模型方面之貢獻，這些模型代表了組織內部主要過程的效能。

本章主要內容結構如下：

- 12.2 節總結了生產力模型的相關概念，包括固定成本、非固定成本、規模經濟及規模不經濟。
- 12.3 節說明一個實證研究，它使用本書第二部分推薦的資料收集程序。
- 12.4 節提供該資料集裡所收集資料的描述性分析。
- 12.5 節展示利用該資料集所識別出的多個生產力模型。
- 12.6 節提供外部基準對比分析，利用 ISBSG 儲存庫裡可比對的資料。
- 12.7 節探討對生產力模型有正面或負面影響的調整因子。

---

22 原註：更多內容請參考 Abran, Desharnais, Zarour, Demirors 所著的《依據軟體估算模型的生產力：經濟學視角及實證研究》，9th International Conference on Software Engineering Advances– ICSEA 2014, Publisher IARA, Oct. 12–16, 2014, Nice (France), pp. 291–201.

12.2 對功能規模增加的敏感度：多個模型

當在生產過程中，單位輸出的增加只需要相對較少的單位輸入時，我們就會說，該生產過程受益於規模經濟：單位生產數量愈多，生產過程效率愈高。

相反的，如果單位輸出的增加需要更多單位輸入時，我們就將該生產過程稱為規模不經濟。每多產出一個單位，就會導致生產力降低。

我們現在再回顧一下軟體專案最常見的楔形分布，假設該資料集沒有統計意義上的離群值，如圖 12.1。我們用解析網格來理解對於規模低敏感度和高敏感度的概念，這個楔形資料集可以分解為三個子集，見圖 12.2（或圖 2.19）：

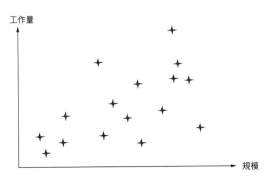

◔ 圖 12.1 楔形資料集

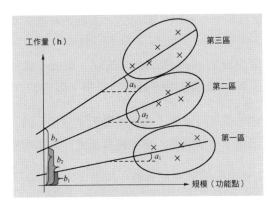

◔ 圖 12.2 對於功能規模增加有不同敏感度的資料子集 [Abran 和 Gallego 2009，

經 Knowledge Systems Institute Graduate School 許可後引用]

- 第一區：資料集的最下方。該區資料是由對規模增加敏感度較低的專案組成。也就是說，在該子集中，即使是規模方面有較大的增加也不會導致工作量有太大的變化。在實務上，這就像待開發專案的功能增加、但所需工作量不太會受影響。

- 第三區：資料集的最上方。該區資料是由對功能規模（即自變數）增加敏感度較高的專案組成（規模的小幅增加會導致工作量大幅增加，可能是固定成本增加或變動成本增加，或是兩者均增加）。

- 第二區：有時會存在第三個子集，即位於上下兩個資料集中間的子集。

這些資料點可能代表三種不同的生產過程以及相應的模型（在軟體工程書籍中通常稱為「生產力模型」）：

$$f_1(x) = a_1 * x + b_1，代表第一區的資料樣本$$
$$f_2(x) = a_2 * x + b_2，代表第二區的資料樣本$$
$$f_3(x) = a_3 * x + b_3，代表第三區的資料樣本$$

這三個模型有各自的斜率（a_i），固定成本（b_i）也不同；那麼，是什麼導致這些模型有不同的表現形式？

當然，我們無法僅從圖形分析中得到答案，因為在一個二維圖形中只有一個定量的自變數，單就這個變數本身並不會提供關於其他變數的資訊，或是關於資料背後專案特徵的相似點或相異點。

當一個資料集足夠大時（即每個自變數有 20 至 30 個資料點），其他變數的影響就可以透過統計技術進行分析。實務上，大多數軟體企業並沒有足夠大的資料集可支撐有效的多變數分析，然而，在一個企業中，資料集中的專案可以由收集資料的組織去確定 [Abran and Gallego 2009]。每個子集中的每個專案，如圖 12.2 所示，應該按照第 11 章提到的步驟進行分析，以確定：

- 在同一子集中，哪些特徵值（或成本動因）是相似的
- 在兩個（或三個）子集之間，哪些特徵值是非常不同的

當然，某些值可能是分類的描述變數（用名目尺度表示，例如，某專案子集使用了某一個特定的 DBMS）。

　　因此，我們必須要識別出哪些描述性變數對專案工作量的影響最大。這些特徵值就可以用來描繪這些資料集，並利用這些特徵設置參數，決定應該選擇哪一個生產力模型，用於以後的估算。

12.3 實證研究

12.3.1
背景介紹

　　本章所展示的資料源於某政府機構，該機構主要向大眾提供金融服務，其應用軟體與銀行業及保險業類似。該機構主要感興趣的幾個方面：

1. 測量個別專案的生產力。
2. 識別可代表該組織績效表現的生產力模型，包括固定成本和變動成本的資訊，主要是利用一個定量自變數（功能規模）和幾個描述性變數。
3. 識別其過程能力的重大偏差，並給出解釋。
4. 與一個或一組具有統計意義的外部資料集（外部基準）比較，定位組織工作流程的生產力所處位置。

12.3.2
資料收集程序

　　所選擇的專案符合以下條件：

- 在兩年內開發的；
- 保存專案文件記錄和相關專案資料，以便測量功能點、工作量和工期。

本案例所選的所有專案資料都是按照 ISBSG 定義和資料問卷進行記錄的 [ISBSG 2009]。

12.3.3
資料品質控制

正如第 5 章關於生產力模型輸入的驗證所描述的,資料收集過程的品質控制對於生產力研究及生產力模型建立都至關重要。這裡有兩個關鍵的定量變數:每個專案記錄的工作量以及功能規模:

(A) 工作量資料:在該組織中,工時彙報系統被認為是非常可靠的,並且可以用於決策制定,其中包括聘請外包人員所支付的報酬。

(B) 功能規模的測量:測量結果的品質取決於測量人員的專業經驗以及所使用文件的品質。在本案例中:

- 所有的功能規模測量都是由同一位資歷豐富的測量人員完成的;
- 用於測量功能規模的文件品質:在測量每個專案的功能規模時,我們也對該文件的品質進行了觀察,並透過表 12.1 的準則來評估 [COSMIC 2011b]。

表 12.1 評估文件品質的準則 [COSMIC 2011b]

等級	準則
A	每個功能都有完整記錄
B	記錄了功能但是沒有精確的資料模型
C	概括識別了功能,沒有詳細資訊
D	只有功能數量的大概記錄,沒有列出每一個功能
E	部分功能沒有明確的文件描述,但可以由經驗豐富的測量人員自行補充資料,例如缺少確認功能

12.4 描述性分析

12.4.1
專案特徵

表 12.2 展示了 16 個專案，分別測量了它們的功能規模、工作量（以小時為單位）、專案工期（以月為單位）、專案文件品質以及團隊最大規模：

- 專案規模從最小的 111FP（專案 7）到最大的 646FP（專案 2）；
- 工作量從 4,879h 到 29,246h 不等；
- 專案工期從 9.6 個月到 33.6 個月不等；
- 16 個專案中有 12 個專案記錄了最大開發團隊規模資料，員工人數從 6 名到 35 名不等。

表 12.2 描述性資訊（$N=16$）

序號	功能點	工作量（h）	工期（月）	文件品質（%）	單位工作量（FP/h）
1	383	20,664	33.6	A:11 B:85 C:4	53.2
2	646	16,268	18	B:100	25.2
3	400	19,306	18	A:54 B:42 C:2 D:2	48.3
4	205	8,442	16.8	B:68 C:38	41.2
5	372	9,163	9.6	B:100	24.6
6	126	12,341	16.8	B:100	97.9
7	111	4,907	9.6	B:100	44.2
8	287	10,157	27.6	B:31 C:69	35.4

序號	功能點	工作量（h）	工期（月）	文件品質（%）	單位工作量（FP/h）
9	344	5,621	12	E:100	16.3
10	500	21,700	24	B:100	43.4
11	163	5,985	10	C:74 E:26	36.7
12	344	4,879	19.2	A:17 B:83	14.2
13	317	11,165	24	B:71 C:29	35.2
14	258	5,971	12	A:76 B:24	23.1
15	113	6,710	12	B:100	59.4
16	447	29,246	35	B:100	65.4
平均值	313	12,033	18.3	–	45.5

參與這些專案的內部和外部開發人員，整體上是平均分配的。

本資料集的描述性統計資料如下：

- 平均工作量是 12,033 小時（1,718 人日或 82 人月）
- 平均工期為 18.3 個月
- 1/3 的專案都是新開發的軟體
- 2/3 的專案是對現有軟體進行功能提升

12.4.2
文件品質及其對功能規模品質的影響

表 12.2 的第 5 欄展示了每個專案的文件品質，並識別了這些文件符合表 12.1 列舉的準則之比率。請注意，這不是一個全面的文件品質評估，而只是在目前採集到的元素測量基礎上，對測量文件記錄的功能過程所進行的評估。該評估考慮了測量人員所測量的每一個功能過程。根據這些準則，如果文件的評分為 A 或 B，就表示文件品質較好。

從表 12.2 的第 5 欄，我們可以得出下面的結論：

- 對於其中的 11 個專案，95% 以上的功能過程量測，文件的評分結果都顯示品質很好（評為 A 或 B）；
- 對於專案 4 和專案 13，分別顯示有 68% 的功能過程和 71% 的功能過程文件品質較好（準則 B）；
- 專案 8 只有 31% 的功能過程文件品質較好；
- 專案 11 的文件品質評分為中等（準則 C）。這也會影響規模測量的品質，因為該測量所使用的文件不是很詳細；
- 專案 9（準則 E = 100%）大部分功能的測量只能根據一個很概要的文件。

對於這 16 個專案來說，85% 測量的功能過程文件品質都較好。簡單地說，也就是有 13 個專案文件品質較佳（A 或 B），只有三個專案文件品質較差。

12.4.3
單位工作量（以小時計）

單位工作量是按照單位功能規模所對應的時數來進行測量的，即 h/FP。圖 12.3 顯示了，專案按照單位工作量大小以遞增順序排列，橫軸代表專案編號，縱軸代每個專案中每功能點的工作量。

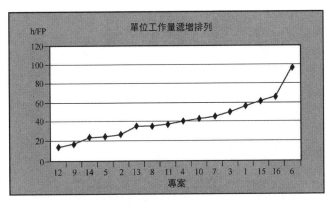

🔾 圖 12.3 專案按照單位工作量遞增排列（h/FP）

對於這 16 個專案，平均單位工作量是 45.5h/FP（FPA）。在該組織中，不同專案的單位工作量差別很大；例如，從最小的單位工作量 14.2h/FP（專案 12），到最大的單位工作量 97.9h/FP（專案 6）：幾乎相差了一個量級（編按：亦即 10 倍），這也就表示，在同一個公司內，以單位工作量衡量的話，最低生產力和最高生產力之間有 9 的 factor 存在。

12.5 生產力分析

12.5.1
對應整體資料集的單一模型

這 16 個專案的分布情況以及迴歸模型，如圖 12.4 所示：

$$工作量 = 30.7\text{h/FP} \times 專案規模 + 2{,}411\text{h}$$

該模型的決定係數（R^2）相對較低，為 0.39。

上述方程式在該組織中的實際解讀如下：

* 對軟體規模不敏感的（固定）工作量 = 2,411h
* 對軟體規模敏感的（可變）工作量 = 30.7h/FP

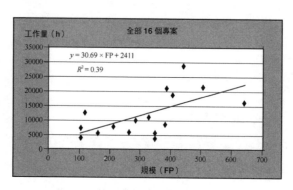

○ 圖 12.4 該組織的生產力模型 [Abran et al. 2014，經 IARA publication 許可後引用]

經過與專案經理討論，固定單位工作量如此之高，可能原因如下：

- 採購流程相當複雜且耗時；
- 專案有嚴格的限制條件和程序化的文件；
- 專案的協商機制冗長；
- 專案進行了大量的審查工作。

12.5.2
最低生產力專案的模型

從表 12.2 及圖 12.3 與圖 12.4 中可以得知，該組織有五個專案比其他同等規模的專案工作量高出 100%（一倍）。

- 專案 6 有 126FP，其花費的工作量是相似規模專案（專案 7 和專案 15）的兩倍。
- 介於 400FP 和 500FP 之間的四個大型專案，跟相似規模的專案相比，可能需要兩到三倍的工作量。這些專案的工作量把線性模型（以及相應的斜率）拉高了，大幅影響了固定工作量和可變工作量的比例。

因此，我們將該資料樣本拆分為兩組，作進一步的分析：

（A）包含 5 個專案，位於圖 12.5 的迴歸線以上，其單位工作量非常高。

（B）包含 11 個專案，位於圖 12.5 的迴歸線以下，單位工作量較低。

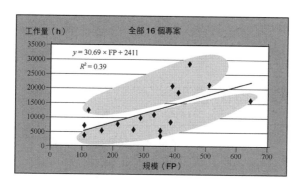

● 圖 12.5 單一資料集中的兩個專案子集

對於 A 組的 5 個專案，工作量關係模型如圖 12.6 所示：

$$工作量 = 33.4h/FP \times 專案規模 + 8,257h$$

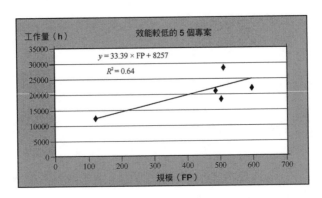

● 圖 12.6 生產力最低的專案

該模型的 R^2 顯著提高，為 0.637。當然，對於一個只有五個專案的樣本來說，這個數值就統計學角度而言並不顯著，但也足以為組織提供說明了。

對於上述方程式，實際的解讀如下：

- ▸ 固定工作量 = 8,257h
- ▸ 可變工作量 = 33.4h/FP

由五個生產力最低的專案所組成的這一組，其特點為：固定成本幾乎比完整專案集高出四倍（8257h 相對於 2411h），而它們的可變工作量單位較接近（33.4h/FP vs. 30.7h/FP）。

12.5.3
最高生產力專案的模型

圖 12.7 展示了 11 個專案，這些專案的單位工作量都很低，這也就表示它們有最高的生產力。這些專案的線性迴歸模型為：

$$工作量 = 17.1h/FP \times 專案規模 + 3,208h$$

該模型的 R^2 是 0.56[23]，相對高於完整資料集所對應的模型決定係數。

對於上述方程式的實際解讀如下：

- 對軟體規模增加不敏感的固定工作量為 3,208h
- 對軟體規模增加敏感的可變工作量為 17.1h/FP

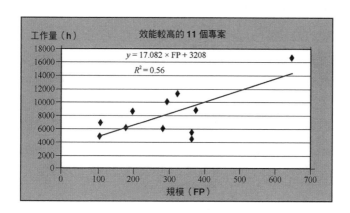

○ 圖 12.7 生產力最高的專案

　　由 11 個生產力最高的專案所組成的這一組，其特點為：固定成本比生產力最低專案的固定成本少了將近 40%（3208h 相對於 8257h），而可變單位工作量幾乎低了 50%（17.1h/FP 相對於 33.4h/FP），也就是表示規模經濟效益更高，R^2 為 0.55。

　　這兩組資料的匯總資訊列於表 12.3 中，其中，5 個專案被視為生產力最低的專案，而剩餘的 11 個專案則代表正常條件下的組織「能力」。

表 12.3　固定工作量與可變工作量——內部

樣本／迴歸係數	全部 16 個專案	生產力最低：5 個專案	生產力最高：11 個專案
固定工作量（h）	2,411	8,257	3,208
可變工作量（h/FP）	30.7	33.4	17.1

備註：Abran et al. 2014，經 IARA publication 許可後引用

23　編註：將原文 0.589 改為 0.56 以符合圖中顯示數據。

12.6 由 ISBSG 儲存庫提供的外部基準

12.6.1
專案選擇準則和樣本

　　基準對比是將特定實體的測量結果與相似實體的測量結果進行比較的一個過程（見第 8 章的進階閱讀一）。軟體工程傳統的基準對比模型通常會先根據生產力的概念，定義為輸出與輸入的比率（或其推論，單位工作量是其輸入與輸出的比率），其次是使用更通用的效能概念，最後則是把生產力比率值與多種其他因素相結合 [Cheikhiet al. 2006]。基準對比可以透過組織內部收集的資料來建立，也可以從外部跨組織的資料集來建立 [ISBSG 2009; Chiez and Wang 2002; Lokan et al. 2001]。

　　可使用下列準則選取外部儲存庫來進行基準對比：

1. 一個專案儲存庫，專案來自私人企業及公家機構，它們提供金融服務的應用軟體。
2. 儲存庫的專案來自於多個國家。
3. 儲存庫具備各個資料欄位上（但沒有匯總）的資訊。

　　如第 8 章所述，ISBSG 符合以上全部要求。因此這次的基準練習，我們使用 ISBSG 2006 年發布的儲存庫，包含 3,854 個專案。對於該組織的基準對比練習，我們採用下列準則來選擇專案：

1. 具有相似規模範圍的專案（0 ～ 700FP）；
2. 使用第三代程式語言開發的專案（3GL）。

　　滿足上述兩個條件的專案，將會進一步分為兩組：

（A）政府專案
這個資料選擇步驟識別了 48 個使用 3GL 語言開發的政府專案，規模介紹

0 ～ 700FP。這些 ISBSG 資料點如圖 12.8 所示，以及最能代表這組資料分布的
線性迴歸模型，其數學式如下：

$$工作量 = 10.4h/FP \times 專案規模 + 2,138h$$

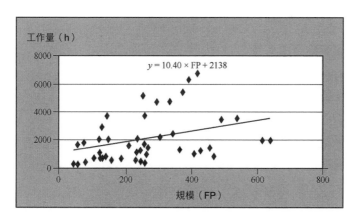

⭕ **圖 12.8 3GL ISBSG 政府專案**

（B）金融機構（保險業和銀行業）

本組資料識別了 119 個使用 3GL 環境開發的金融機構專案，功能規模介於
0 ～ 700FP，如圖 12.9 所示。相應的迴歸模型其數學式為：

$$工作量 = 16.4h/FP \times 專案規模 + 360h$$

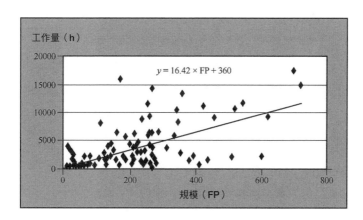

⭕ **圖 12.9 3GL ISBSG 政府金融專案**

12.6.2
外部基準對比分析

表 12.4 是該組織（第 2 欄）與兩個 ISBSG 資料參照組（第 3 欄和第 4 欄）關於模型固定成本和變動成本的對比：

- 該組織的固定成本是 2,411h。
  - ▸ 與政府機構專案的固定成本（2,138h）差不多
  - ▸ 是私營金融機構專案固定成本（360h）的七倍左右
- 該組織的可變工作量是 30.7h/FP。
  - ▸ 幾乎是政府機構參照組專案（10.4h/FP）的三倍。
  - ▸ 幾乎是私營金融機構專案（16.4h/FP）的兩倍。

表 12.4 固定工作量和可變工作量總覽

	該組織（1）	ISBSG：政府專案（2）	ISBSG：金融專案（3）
專案數量	16	48	119
固定工作量（h）	2,411	2,138	360
可變工作量（h/FP）	30.7	10.4	16.4

12.6.3
進一步思考

ISBSG 認為，從效能表現的觀點來看，其儲存庫中的資料代表了業界前 25% 的組織。因此，與 ISBSG 儲存庫進行基準比較，即是與產業中名列前茅的公司來進行比較，排除了無法收集此類資料、效率較低的組織（這類組織通常過程不穩定，或是過程沒有記錄下來，專案風險較高，或專案未完成、中途放棄）。

需要注意的是，向 ISBSG 儲存庫提供資料的組織，必須要有能力測量它們自己的效能，並且也願意與業界共享這些資料。

12.7 識別如何選擇合適模型的調整因子

12.7.1
生產力最高（單位工作量最低）的專案

在圖 12.5 中顯示，迴歸線上方的專案單位工作量最高，而位在迴歸線下方的專案單位工作量最低。

問題是，究竟是哪些因素決定了單位工作量是低還是高？其因果關係為何？

為了識別並研究這些關係，我們訪談了一些專案經理，針對他們各自的專案，他們認為哪些因素影響了生產力的高低，希望能提供一些意見回饋給我們。這幾位接受訪談的專案經理，負責了前面 16 個專案中的 7 個專案，其中：

（A）三個專案的生產力最低（單位工作量最高）
（B）兩個專案的生產力中等水準
（C）兩個專案的生產力最高（單位工作量最低）

訪談的目的，是為了從專案經理對於會（或不會）導致工作量增加的因素觀點中獲取質的資訊（qualitative），在他們專案管理的實務中，與組織或其他環境的相似規模專案進行比較。我們將這些意見回饋歸納整合，列出下面六個因素：

（A）客戶需求沒有清楚表達，或是客戶代表並不瞭解他的業務領域，導致在專案生命週期中經常發生變更需求。
（B）客戶不熟悉組織中的軟體開發流程。
（C）與專案相關的使用者，人員流動率很高，導致需求不穩定且決策延誤。
（D）開發人員不瞭解新的技術。
（E）與組織內的其他應用軟體有多個連結。
（F）由於專案優先順序導致的進度壓力，專案分配大量資源解決問題，目的只是希望問題最好盡快消失。

在這個組織中，因素 E 的例子是專案 6，其單位工作量最高（98h/FP）：該專案的功能規模很小，工作量卻是同等規模專案的兩倍。它幾乎與組織中的所有應用軟體都有關聯，且依賴於其他部門。

相反地，生產力最高的專案有下列幾項特點：

1. 使用者熟悉業務流程和軟體開發流程。
2. 使用者參與了整個專案。
3. 專案的軟體開發人員十分熟悉開發環境。

只不過，就算可以識別出這些重要的有利因素和不利因素，還是很難對每個因素的影響進行量化。

12.7.2
經驗教訓

過去 40 年在軟體專案估算的研究，實務專家和研究人員已經提出了多個由不同成本動因混合的模型，但這些模型卻很少有共同點，迄今為止，大多數模型僅止於應用在他們原本開發的環境中，無法將其一般化、推廣到其他環境使用。

這項分析並沒有假定存在一個適用所有環境的單一生產力模型，即使是在同一個組織內。該分析反而是從概念上著手研究，試圖找出針對不同生產過程建立不同模型的方法。本章是從實證角度進行研究，並考慮了經濟學領域的相關概念。

例如，在 12.2 節中，使用了一些經濟學概念來架構一個生產過程，以及軟體相對應的特徵，例如固定成本和變動成本，以及生產過程中對功能規模敏感度高或低的工作量。

對於該組織來說，識別了兩個生產力模型：

- 第一個模型，代表以固定／可變工作量結構表示的軟體專案交付能力；

- 第二個模型，代表當專案生命週期中出現一個或多個破壞性因素，工作量將翻倍增加。

當然，實證研究中的專案數量有限，不允許對其他情況進行擴展。

儘管如此，這些模型還是可以代表組織的當前情況，尤其是在該組織中，軟體開發過程廣泛實作且代表的是已充分應用的公司層面實務，而不是個例。

對新專案進行估算時，倘若在併發風險分析中沒有識別出任何可能會導致工作量加倍的歷史因素，就應該使用代表組織過程能力的那個模型。一旦發現這些不利因素發生的可能性較高時，組織應該毫無懸念選擇第二個生產力模型。

1. 軟體工程中，資料經常會出現楔形分布的情形，是否一定要找到單一生產力模型來代表所有情況呢？如果不是，可以使用哪些經濟學概念説明資料分析和模型識別？

2. 對於測量待開發軟體功能規模所使用的文件，識別一些可用於分析文件品質的準則。

3. 在表 12.2 中，自變數—即功能規模—是否存在統計學上的離群值？

4. 在表 12.2 中，依變數—即工作量—是否存在統計學上的離群值？

5. 對於第 12 章的資料集生成的兩個生產力模型，固定工作量和可變工作量的比率分別是多少？

6. 請比較 ISBSG 儲存庫中的政府機構專案與金融機構專案的效能。

7. 請比較本章中所使用的資料與 ISBSG 的政府專案資料的效能。

1. 從你的公司中收集軟體專案資料，並進行描述性分析。

2. 對規模和工作量進行圖形化分析，並確定是否為候選模型。

3. 如果識別出多個候選模型，請訪談專案經理，以便獲得影響生產力（有利／不利）因素的有效資訊。

4. 請將你的公司與 ISBSG 儲存庫類似的組織進行效能比較。

專案延遲或範圍縮減，對於經手的專案
經理來說，在職涯上總是一筆不怎麼光彩
的記錄。

CHAPTER

13

重新估算：矯正工作量模型

13.1 概述

當一個進行中的專案估算嚴重偏低時，必須找出一個策略來確保專案完成：

- 如果無法提高預算或延遲交付，為了要在同樣的預算範圍內及交付期限內完成專案，可以考慮刪減一些功能需求；
- 然而，如果由於某些原因（例如政策、商業限制等），所有的需求都必須交付，就必須修訂專案預算，這個時候這就需要重新進行估算。

以專案最初的範疇和預計的交付期，還需要增加多少工作量才能完成專案？你要如何估算額外增加的工作量？

只要回溯到第一個版本的估算就夠了嗎？專案一開始識別的應變措施還適用嗎？措施是否還準確？如專案所需的儲備金額在一開始就計畫得很充足嗎？請參見第 3 章，關於投資組合層面的應變措施管理主題。

本章將討論當專案預算偏離預期（超出預算）而必須重新估算時，需要識別並解決的額外問題。我們在此給出了一種方法，有助於確定專案需要追加的預算以修正估算偏低。

本章的內容結構如下：

- 13.2 節提供一些案例以說明造成必須重新估算的問題。
- 13.3 節探討一個矯正工作量模型的重要概念。
- 13.4 節展示當 T > 0 時需要重新估算所使用的矯正工作量模型。

13.2 重新估算的需求以及相關問題

當一個專案嚴重偏離軌道且嚴重超出預算時，很明顯專案將無法按期交付，必須重新進行估算，此時要考慮多項限制因素並可採取如下決策：

- 提高預算（重新估算），同時按照原定期限和原定功能交付；
- 提高預算（重新估算）以確保交付原定功能，但需要延期；
- 不提高預算，但是將延期交付某些功能；
- 不提高預算同時按照原定期限，但盡早完成測試（跳過部分品質控制活動）。

需要進行重新估算時，萬萬不可忽視在實務中做決策的人以及組織的顧慮，例如：

- 管理層優先考慮進度而不是成本；
- 管理層傾向於不作為；
- 「分配多少資金就花多少」（MAIMS）的行為 [Kujawski et al.2004]。

Grey [1995] 為我們提供了一個關於進度優先於成本的絕佳例子：

> 「雖然人們普遍願意接受成本可能超出預期，甚至在提起過往的例子時也會表現出反常的喜悅，但如果換成交付日期，情況就不一樣了。恐怕這是因為成本超支是在公司內部解決，而進度問題必須對客戶公開透明。」（Grey [1995], p. 108）。

換句話說，專案延遲或範圍縮減，對於經手的專案經理來說，在職涯上總是一筆不怎麼光彩的記錄。

- 遇到進度拖延時，管理層最可能做出的決定，不是重新審視計畫以確保獲得最大的經濟效益，而是試圖增加人手來確保專案照時程進度走，就算中途增加人員可能會導致下列情況發生 [Sim and Holt 1998]：
  - 需要把工作進一步分解，分配給新加入的人員。
  - 新加入的人員需要進行培訓。
  - 增加額外的集成工作。
  - 增加額外的協調工作。

這意味著，增加額外資金通常會成為第一順位方案，重點是為了守住進度，而不僅是為估算過低買單。重新估算時應該包含上述活動可能產生的額外成本。

13.3 矯正工作量模型

13.3.1 關鍵概念

圖 13.1 展示了一個專案在矯正過程中所需的工作量結構，假設其目標是維持原有範圍不變，且交付日期按照原有承諾不變。

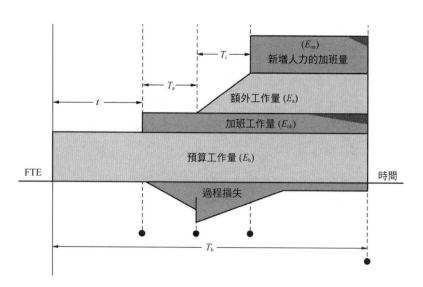

◬ 圖 13.1 估算過低的專案所需的矯正成本

[Miranda and Abran 2008，經 John Wiley & Sons, Inc. 許可後引用]

在圖 13.1 中，最上層是需要增加的人月，可能包括以下幾點：

- 在時間點 t，管理層知道了估算過低的情況，批准現有人員加班；

- 在時間 T_a，管理層意識到現有員工加班無法滿足需要，必須先增加投入人力。因為所需人力不見得在第一時間立刻就招聘到位（遵循一個階梯函數），專案新成員會是逐漸增加的。為了簡單起見，假設人力的增加是以

線性增加，從 T_a 時刻開始，工時為 T_j，現有員工加班情況以 E_{ob} 表示；

- 經過 T_j 時間，新進人員也需要加班，新進人員的加班情況以 E_{oa} 表示；
- 用遞減函數（圖中深黑色的部分）表示現有人員和新進人員的加班情況。

13.3.2
準備過程的損耗

專案中途增加人力，會導致額外的工作產生（過程損耗），而這些工作原本是不會發生的。就準備過程來說，這些損耗相當於新成員融入所需的時間以及原有成員培訓新人所增加的工作量；這兩部分的工作量都呈現在圖 13.1 中的三角形區域內。

除此之外，也需要考慮協調新團隊所增加的工作量，請參考圖 13.2 以及 Miranda [2001] 的研究：

（A）R&D 團隊的溝通模式 [Allen 1984]。

（B）將 Allen 的觀察結論模擬出非寫實的圖形。

　▶ 同一子系統團隊裡每個人都與其他人交談，而子系統之間的溝通則由某幾個人進行即可。

（c）計算溝通路徑數量的數學方程式。

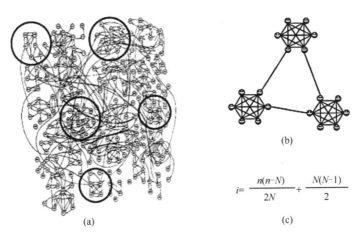

$$i = \frac{n(n-N)}{2N} + \frac{N(N-1)}{2}$$

△ 圖 13.2 R & D 團隊間的溝通模型

[Miranda and Abran 2008，經 John Wiley & Sons, Inc. 許可後引用]

13.4 T>0 時刻認知重新估算所使用的矯正模型

13.4.1
矯正變數簡介

- 預算工作量（E_b）為一開始分配給專案的工作量，是預算時間（T_b）和初始成員（FTE_b）的產物。
- t 是發現到估算偏低的時間點，並在此決定採取行動。
- T_a 是指決定增加人力和新人實際加入團隊的平均時間。
- 額外工作量（E_a）指的是投入資源以協助專案追趕之前延宕的進度所需的工作量。
  - ▸ 四邊形左側傾斜的那條邊，是新人完全適應工作節奏前的一段時間間隔（T_1）。
- 加班工作量（E_{ob} 和 E_{oa}）是指原始成員和新進成員的加班量。
  - ▸ 加班工作量可能受到精神不佳的影響，如矩形右上角的深色三角形。
- 過程損耗（P_1）包括所有額外的工作量：準備、培訓、新成員帶來的額外溝通負擔。

以上的組成結構是特意經過簡化的：

- 當然也可以對其他工作量做進一步分解，不過這樣恐怕需要使用更複雜的數學表達，而且可能還要用到假設參數，這將會導致模型更難理解。

在接下來的章節中，我們將展示幾個數學模型，可以解決之前提到的重新估算問題，並且將以上提到的變數都考慮進去。

13.4.2
重新估算涉及矯正過程的數學模型

癡心妄想和惰性都是不作為的表現，都會導致無視落後的專案進度，直到最後一刻才赫然發現。

Todd Little [2006] 對於不願意承認專案延宕的現象，提出了下面的觀點：

> 「這是因為專案經理死守最後期限，期望有奇蹟發生、軟體得以如期發布。最後，等到交付期那天來臨，卻沒有奇蹟發生。這個時候，通常需要重置專案估算。很多情況下，這個週期會不斷重覆，一直持續到軟體發布為止。」[Little 2006, P. 52]

在應變資金的計算中，也應該將延期趨向這個因素納入考慮，因為在其他條件相同的情況下，愈晚發現專案估算偏低的問題，需要增加的人手就會愈多，結果就是，你的成本會愈高。

這兩個預設的前提，會導致如下假設：

$$應變資金 = \iint 矯正成本\ (u,\ t)p(t)p(u)dtdu \qquad （13\text{-}1）$$

這個公式（13-1）主張應變資金必須與專案的預期矯正成本一致，也就是，矯正估算偏低所需的工作量，估算偏低的量級為 u，我們在時間點 t 採取行動，矯正成本等於此時的矯正成本乘以 t 的機率和 u 的機率。

我們已經說明了，管理層更重視進度大於預算，以及他們傾向於不作為的現象，接下來我們將討論影響應變資金使用的第三種行為：

* MAIMS 行為──分配多少資金就花多少 [Gordon 1997;Kujawski et al.2004]。

這種行為的表現是，一旦分配了預算，就會有各種原因把預算全部用掉。意味著因為成本低而節省下來的資金，也很少能留存下來在預算超支的時候運用。

* 這個行為否定了應變資金的使用有一定機率的基本前提，因此，為了達到有效率的管理，在專案級以上的資金管理顯然是有效的數學解決方案。

13.4.3
估算偏低的機率 $p(u)$

估算偏低的機率分布 u，與圖 13.1 的工作量分布相同，皆受到專案預算的影響（見第 3 章，3.3 節的圖 3.5）。

選擇右偏三角形表示其分布，是根據以下三個理由：

1. 一個專案中可以順利進行的活動很有限，而且大多數情況下，這些活動都已經考慮在估算中，然而，會出問題的活動數量卻可能沒有上限。
2. 這個分布很簡單。
3. 既然我們不知道實際的分布，則此分布跟其他分布具有同等合理性。

下列方程式（13-2）給出了 $p(u)$ 的累積機率函數 $F(u)$。

$$F(u) = \begin{cases} \text{如果 } u \leq u_{\text{如果}}，\text{那麼} \\ 0 \\ \text{否則，如果 } u_{\text{最小}} < u \leq u_{\text{中間值}}，\text{那麼} \\ \dfrac{(u - u_{\text{最大}})^2}{(u_{\text{最大}} - u_{\text{最小}})(u_{\text{中間值}} - u_{\text{最小}})} \\ \text{否則，如果 } u_{\text{中間值}} < u < u_{\text{最大}}，\text{那麼} \\ 1 - \dfrac{(u_{\text{最大}} - u)^2}{(u_{\text{最大}} - u_{\text{最小}})(u_{\text{最大}} - u_{\text{中間值}})} \\ \text{否則，如果 } u \geq u_{\text{最大}}，\text{那麼} \\ 1 \\ \text{end if} \end{cases} \qquad (13\text{-}2)$$

$u_{\text{最小}} = $ 最佳情況的估算 − 專案預算

$u_{\text{中間值}} = $ 最可能情況的估算 − 專案預算

$u_{\text{最大}} = $ 最壞情況的估算 − 專案預算

13.4.4
在特定月份發現估算偏低的機率— $p(t)$

圖 13.3 展示了每週每個專案的實際剩餘工期與當前估計剩餘工期的比率，即相對時間的函數（已消耗時間與總實際時間的比率）。

- 為了避免時程拖延，估計的剩餘工期將會比實際工期稍短，隨著時間流逝，估計的剩餘工期將會逐漸趨於 0，而比率將趨向無窮大。

- 方程式如上（13-2），亦可參見圖 13.3。

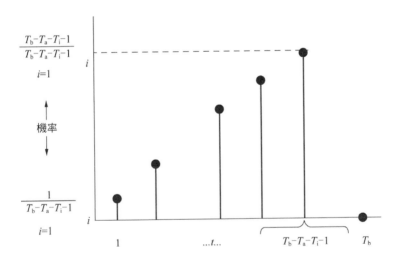

⬢ 圖 13.3 *t* 時間的機率分布 **[Miranda and Abran 2008，經 John Wiley & Sons, Inc 許可後引用）**

當然這不僅僅是機率，它類似於圖 13.3 的模式，且非常簡單。

其他機率函數可能會包括使用貝氏機率（Bayesian probability）去模擬估算偏低的影響，例如，估算偏離愈多就愈容易被發現，但這一項處理方式，不在本書的討論範圍內。

$$p(t) = \frac{t}{\sum\limits_{i=1}^{T_b - T_a - T_i - 1} i}$$（13-3）

圖 13.3 中，機率函數並不能延伸至 T_b，因為招募新員工需要時間，進行培訓也需要時間，這至少要花費一個月時間，因此也要將這些時間考慮在內。Miranda and Abran [2008] 提出了一些數學實例。

練習

1. 請列舉：當專案時程和預算嚴重偏離預期時可使用的四種策略。

2. 如果專案增加人力，在重新估算時必須考慮哪些對生產率有正負面影響的因素？

3. 如果在專案某節點必須要進行重新估算，是否會有罰金產生？在整個專案生命週期中，對整體工作量的影響是一樣的嗎？

4. 當時程不能更改時，推遲重新估算有什麼影響？

5. 在重新估算時，應該從哪裡取得額外的資金？

本章作業

1. 有些人說，專案延宕時增加新的人力會更加拖累進度！請對此一觀點進行評論，討論什麼情況下此觀點可以成立、什麼情況下不成立。

2. 請回想一下你最近參與的五個專案，哪些專案必須重新估算？在生命週期的哪個階段進行重新估算的？重新估算後，對預算和進度的影響有哪些？

3. 重新估算的基礎是什麼？你的公司有專門的矯正模型嗎？

4. 你的專案已經明顯延宕了，為了如期完成，你需要雇用五個新員工。你如何計算雇用新員工並讓他們進入狀態所造成的過程損耗？在你的公司，對專案進行重新估算時會把這些損失考慮進去嗎？

5. 在進行重新估算時，你如何把時程延宕的懲罰成本考慮在內？

參考資料

1. Abran A, Desharnais JM, Zarour M, Demirors O. (2014) Productivity based software estimation model: an economics perspective and an empirical study, 9th International Conference on Software Engineering Advances – ICSEA 2014, Publisher IARA, Oct. 12–16, 2014, Nice (France), pp. 291–201.

2. Abran A. (2010) Software Metrics and Software Metrology. Hoboken, New Jersey: IEEE-CS Press & John Wiley & Sons; 2010. p 328.

3. Abran A, Cuadrado JJ. (2009) Software estimation models & economies of scale, 21st International Conference on Software Engineering and Knowledge Engineering – SEKE'2009, Boston (USA), July 1–3, pp. 625–630.

4. Abran A, Ndiaye I, Bourque P. (2007) Evaluation of a black-box estimation tool: a case studyin special issue: "advances in measurements for software processes assessment". J Softw Proc Improv Prac 2007;12(2):199–218.

5. Abran A, Silva I, Primera L. (2002) Field studies using functional size measurement in building estimation models for software maintenance. J Softw Maint Evol: R 2002;14:31–64.

6. Abran A, Robillard PN. (1996) Function points analysis: an empirical study of its measurement processes. IEEE Trans Softw Eng 1996;22:895–909.

7. Albrecht AJ. (1983) Software function, source lines of code and development effort prediction: a software science validation. IEEE Trans Softw Eng 1983;9(6):639–649.

8. Allen T. (1984) Managing the Flow of Technology, MIT Press, January 1984.

9. Austin R. (2001) The Effects of Time Pressure on Quality in Software Development: An Agency Model. Boston: Harvard Business School; 2001.

10. Boehm BW, Abts C, et al. (2000) Software Cost Estimation with COCOMO II. Vol. 502. Prentice Hall; 2000.

11. Bourque P, Oligny S, Abran A, Fournier B. (2007) "Developing project duration models", software engineering. J Comp Sci Tech 2007;22(3):348–357.

12. Cheikhi L, Abran A, Buglione L. (2006) ISBSG software project repository & ISO 9126: an opportunity for quality benchmarking UPGRADE. 2006;7(1):46–52.

13. Chiez V, Wang Y. (2002) Software engineering process benchmarking, Product Focused Software Process Improvement Conference - PROFES'02, Rovaniemi, Finland, pp. 519–531, LNCS, v. 2559.

14. Conte SD, Dunsmore DE, Shen VY. (1986) Software Engineering Metrics and Models. Menlo Park: The Benjamin/Cummings Publishing Company, Inc.; 1986.

15. COSMIC (2014a) Guideline for approximate COSMIC functional sizing, Common Software Measurement International Consortium – COSMIC Group, accessed February 8, 2015.

16. COSMIC (2014b) The COSMIC functional size measurement method – Version 4.0 - measurement manual, Common Software Measurement International Consortium – COSMIC Group, accessed May 16, 2014.

17. COSMIC (2011a) Guideline for COSMIC FSM to manage Agile projects, Common Software Measurement International Consortium – COSMIC Group, accessed: May 16, 2014.

18. COSMIC (2011b) Guideline for assuring the accuracy of measurement, Common Software Measurement International Consortium – COSMIC Group, accessed: July 25, 2014.

19. Déry D, Abran A. (2005) Investigation of the effort data consistency in the ISBSG Repository, 15th International Workshop on Software Measurement – IWSM 2005, Montréal (Canada), Sept. 12–14, 2005, Shaker Verlag, pp. 123–136.

20. Desharnais, JM (1988), "Analyse statistique de la productivité des projets de développement en informatique à partir de la technique des points de fonction," Master Degree thesis, Dept Computer Sciences, Université du Québec à Montrëal – UQAM (Canada), 1988.

21. Ebert C, Dumke R, Bundschuh M, Schmietendorf A. (2005) Best Practices in Software Measurement. Berlin Heidelberg (Germany): Springer-Verlag; 005. p 295.

22. El Eman K, Koru AG. A replicated survey of IT software project failures. IEEE Softw 2008;25(5):84–90.

23. Eveleens J, Verhoef C. (2010) The rise and fall of the Chaos report figures. IEEE Softw 2010;27(1):30–36.

24. Fairley RD. (2009) Managing and Leading Software Projects. John Wiley & IEEE Computer Society; 2009. p 492.

25. Flyvbjerg B. (2005) Design by deception: The politics of megaprojects approval. Harvard Design Magazine 2005;22(2005):50–59.

26. Gordon, C. (1997) Risk Analysis and Cost and Cost Management (RACM): A Cost/Schedule Management Approach using Statistical, 1997

27. Grey S. (1995) Practical Risk Assessment for Project Management. New York: John Wiley & Sons; 1995.

28. Hill P, ISBSG. (2010) Practical Software Project Estimation: A Toolkit for Estimating Software Development Effort and Duration. McGraw-Hill; 2010.

29. IEEE (1998) IEEE Std 830–1998 - IEEE Recommended Practice for Software Requirements Specifications, IEEE Computer Society, Ed. IEEE New York, NY, pp. 32.

參考資料

30. ISBSG (2012), Data collection questionnaire new development, redevelopment or enhancement sized using COSMIC function points, version 5.16, International Software Benchmarking Standards Group, accessed: May 16, 2014.

31. ISBSG (2009), Guidelines for use of the ISBSG data, International Software Benchmarking Standards Group – ISBSG, Release 11, Australia, 2009.

32. ISO (2011). ISO/IEC 19761: software engineering – COSMIC - a functional size measurement method. Geneva: International Organization for Standardization - ISO; 2011.

33. ISO (2009). ISO/IEC 20926: Software Engineering - IFPUG 4.1 Unadjusted Functional Size Measurement Method - Counting Practices Manual. Geneva: International Organization for Standardization - ISO; 2009.

34. ISO (2007a). ISO/IEC 14143–1: Information Technology – Software Measurement - Functional Size Measurement - Part 1: Definition of Concepts. Geneva: International Organization for Standardization - ISO; 2007a.

35. ISO (2007b). VIM ISO/IEC Guide 99 International vocabulary of metrology - Basic and general concepts and associated terms (VIM)'. Geneva: International Organization for Standardization – ISO; 2007b.

36. ISO (2005). ISO/IEC 24750: Software Engineering - NESMA Functional Size Measurement Method Version 2.1 - Definitions and Counting Guidelines for the Application of Function Point Analysis. Geneva: International Organization for Standardization - ISO; 2005.

37. ISO (2002). ISO/IEC 20968: Software Engineering - Mk II Function Point Analysis - Counting Practices Manual. Geneva: International Organization for Standardization - ISO; 2002.

38. Jorgensen M, Molokken K. (2006) How large are software cost overruns? A review of the 1994 CHAOS report. Infor Softw Tech 2006;48(4):297–301.

39. Jorgensen M, Shepperd M. (2007) A systematic review of software development cost estimation studies. IEEE Trans Softw Eng 2007;33(1):33–53.

40. Kemerer CF. (1987) An Empirical Validation of Software Cost Estimation Models. Comm ACM 1987;30(5):416–429.

41. Kitchenham BA, Taylor NR. (1984) Software cost models. ICL Tech J 1984;4(1):73–102.

42. Kujawski E, Alvaro M, Edwards W. (2004) Incorporating psychological influences in probabilistic cost analysis. Sys Eng 2004;3(7):195–216.

43. Lind K, Heldal R. (2008) Estimation of real-time software component size. Nordic J Comput (NJC) 2008;(14):282–300.

44. Lind K, Heldal R. (2010), Categorization of real-time software components for code size estimation, International Symposium on Empirical Software Engineering and Measurement - ESEM 2010.

45. Little T. (2006) Schedule estimation and uncertainty surrounding the cone of uncertainty. IEEE Softw 2006;23(3):48–54.

46. Lokan C, Wright T, Hill P, Stringer M. (2001) Organizational benchmarking using the ISBSG data repository. IEEE Softw 2001:26–32.

47. Miranda E. (2010), Improving the Estimation, Contingency Planning and Tracking of Agile Software Development Projects, PhD thesis, École de technologie supérieure – Université du Québec, Montréal, Canada.

48. Miranda E. (2003) Running the Successful High-Tech Project Office. Boston: Artech House; 2003.

49. Miranda E. (2001) Project Screening: How to Say "No" Without Hurting Your Career or Your Company, European Software Control and Measurement Conference, London, England.

50. Miranda E, Abran A. (2008) Protecting software development projects against underestimation. Proj Manag J 2008;2008:75–85.

51. Paré D, Abran A. (2005) Obvious outliers in the ISBSG repository of software projects: exploratory research, Metrics News, Otto Von Gueriske Universitat, Magdeburg (Germany), Vol. 10, No. 1, pp. 28–36.

52. Petersen K. (2011) Measuring and predicting software productivity: a systematic map and review. Infor Softw Technol 2011;53(4):317–343.

53. PMI. (2013) A Guide to the Project Management Body of Knowledge (PMBOK® guide). 5th ed. Newtown Square, PA: Project Management Institute (PMI); 2013.

54. Santillo L. (2006) Error propagation in software measurement and estimation, International Workshop on Software Measurement – IWSM- Metrikom 2006, Postdam, Nov. 2–3, Shaker Verlag, Germany.

55. Sim S, Holt R. (1998) The ramp-up problem in software projects: A case study of how software immigrants naturalize, 1998 International Conference on Software Engineering. Piscataway, NJ: IEEE, pp. 361–370.

56. Stern S. (2009) Practical experimentations with the COSMIC method in the automotive embedded software field, 19th International Workshop on Software Measurement - IWSM-MENSURA 2009, Amsterdam, Netherlands.

57. Victoria (2009). SouthernSCOPE Avoiding Software Projects Blowouts. Australia: State Government of Victoria; 2009.

讀者回函

讀者回函

感謝您購買本公司出版的書，您的意見對我們非常重要！由於您寶貴的建議，我們才得以不斷地推陳出新，繼續出版更實用、精緻的圖書。因此，請填妥下列資料(也可直接貼上名片)，寄回本公司(免貼郵票)，您將不定期收到最新的圖書資料！

購買書號：　　　　　　　書名：

姓　　名：＿＿＿＿＿＿＿＿＿＿＿＿＿＿＿＿＿

職　　業：□上班族　　□教師　　□學生　　□工程師　　□其它

學　　歷：□研究所　　□大學　　□專科　　□高中職　　□其它

年　　齡：□10~20　□20~30　□30~40　□40~50　□50~

單　　位：＿＿＿＿＿＿＿＿＿＿　部門科系：＿＿＿＿＿＿＿

職　　稱：＿＿＿＿＿＿＿＿＿＿　聯絡電話：＿＿＿＿＿＿＿

電子郵件：＿＿＿＿＿＿＿＿＿＿＿＿＿＿＿＿＿＿＿＿

通訊住址：□□□＿＿＿＿＿＿＿＿＿＿＿＿＿＿＿＿＿

您從何處購買此書：

□書局＿＿＿＿＿　□電腦店＿＿＿＿＿　□展覽＿＿＿＿　□其他＿＿＿＿

您覺得本書的品質：

內容方面：　□很好　　　　□好　　　　□尚可　　　　□差

排版方面：　□很好　　　　□好　　　　□尚可　　　　□差

印刷方面：　□很好　　　　□好　　　　□尚可　　　　□差

紙張方面：　□很好　　　　□好　　　　□尚可　　　　□差

您最喜歡本書的地方：＿＿＿＿＿＿＿＿＿＿＿＿＿＿＿＿

您最不喜歡本書的地方：＿＿＿＿＿＿＿＿＿＿＿＿＿＿

假如請您對本書評分，您會給(0~100分)：＿＿＿＿＿　分

您最希望我們出版那些電腦書籍：

請將您對本書的意見告訴我們：

您有寫作的點子嗎？□無　□有　專長領域：＿＿＿＿＿

博碩文化網站　　http://www.drmaster.com.tw

GIVE US A PIECE OF YOUR MIND

Give Us a Piece of Your Mind

請沿虛線剪下寄回本公司

歡迎您加入博碩文化的行列哦！

221

博碩文化股份有限公司　產品部

台灣新北市汐止區新台五路一段112號10樓A棟

博碩文化

博碩文化